KB053189

여행같은 일상으로의
초대

한 번쯤 일본 워킹홀리데이

한 번쯤 일본 워킹홀리데이

일하고 여행하며 꿈꾸던 일본 일상을 즐긴다

고나현 김윤정 원주희 김지향 김희진

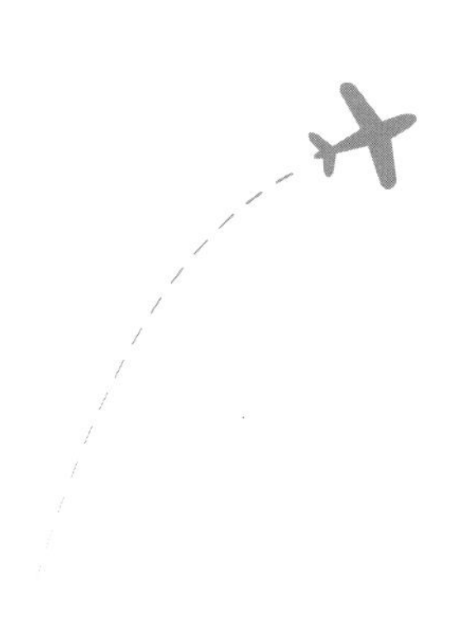

세나북스

OIOI
OIOI
OI
ME
P
当日最大料金
1500円
メンズ水着
2F
メンズゆかた

LADIES CLINIC
加塚医院
土日祝日診療 水曜休診
診療あり
~13:00
~18:00
本郷通り
-5-5
-3811

일본 워킹홀리데이라는 멋진 신세계

일본에서 일하며 사는 이야기는 무척 흥미롭습니다. 《일본에서 일하며 산다는 것》이 2018년 6월에 출간되어 일본에서의 아르바이트와 직장 생활 이야기로 많은 관심과 사랑을 받았습니다. 그리고 이번 책은 '워킹 홀리데이'로 일본에 간 작가님들의 이야기입니다.

워킹 홀리데이 비자의 장점 중 하나는 외국인이 종사할 수 없는 직업을 제외한다면 어떤 일이든 할 수 있다는 것입니다. 작가님들도 이런 장점을 잘 활용해서 잘하는 일, 하고 싶었던 일을 합니다. 일하면서 보람도 느끼고 새로운 경험도 하고 일본인 친구도 사귑니다.

여가에는 일본의 사계절과 문화를 마음껏 즐깁니다. 다른 도시로 여행도 가고 현지에서 만난 친구들과 즐거운 시간을 보냅니다. 특별히 여행을 가지 않아도 가고 싶었던 일본에서의 하루하루는 여행 같은 일상입니다. 리얼 일본 라이프의 결정판이 일본 워킹홀리데이 아닐까요? 일본을 알고 싶고 즐기고 싶은 사람들에게 너무 이상적인 생활이 펼쳐집니다. 부럽다는 말이 절로 나옵니다.

물론 즐거운 일만 있을 수는 없죠. 언어도 문화도 다른 타국에서 일하고 생활하기는 생각보다 쉽지 않습니다. 아르바이트를 하다가, 또는 다른 이유로 상처를 받고 눈물 쏙 빠지게 힘든 하루를 보내기도 하고 한국에 돌아가고 싶은 날도 있습니다. 외로움은 때때로 찾아오는 옵션입니다.

하지만 이 모든 어려움을 감수할 수 있는 건 내가 선택한 길이기 때문입니다. 일본에서의 힘들었던 날도 미래의 멋진 나, 되고 싶은 나를 위한 밑거름이었음을 시간이 지나 깨닫게 됩니다. 작가님들은 다시 한번 기회가 온다면 그때도 워킹홀리데이를 가고 싶다고 입을 모아 말합니다.

일본에서 경험한 아르바이트와 직업은 다양합니다. 커

피숍 점원, 도서 번역가, 학원 선생님, 게스트하우스 헬퍼, 한인 상점 판매 직원, 셰어하우스 회사 직원, 컨설팅 회사 직원, 일본어 과외 선생님, 방과 후 교실 교사 등 여기에 다 적지도 못할 정도입니다. 다양한 경험만큼 다채롭고 신선한 일본에서 일하며 여가 즐기기 이야기를 책에서 생생하게 전해줍니다.

특히 일본 전역을 여행한 이야기는 해외여행이 힘든 요즘 단비와도 같은 즐거움을 선사해 줍니다. 여행에서 마쓰리와 불꽃놀이를 즐기고 지역 특산물도 먹어봅니다. 좋아하는 게임과 영화의 배경이 된 장소를 성지 순례하며 덕후의 길을 보여줍니다. 바닷가 마을에서 세 달을 보내기도 하고 한국에서 온 가족과 잊지 못할 행복한 여행도 합니다.

일본에서 돈도 벌고 경력도 쌓고 일본 문화와 일상을 마음껏 즐기며 원하는 곳으로 여행도 하는 일본 워킹홀리데이! 이런 행운을 누리지 못해 아쉽기만 합니다.

글이 실제 일어난 일을 어느 정도 그려내고 표현 가능할까 생각해 봅니다. 저는 글만 읽어도 재미있고 신나고 가슴이 두근거립니다. 아마 작가님들의 실제 경험과 감동은 제 상상치를 열 배도 더 초월할 것입니다.

일본에서 직접 살아보고 각지를 여행하며 돌아다닌 경험이 일본어 번역가로 일하는 데 큰 도움이 되었다는 고나현 작가님, 일본에서 가장 복잡한 도쿄와 한적한 아바라키의 시골을 둘 다 흠뻑 경험한 행운의 워홀러 김윤정 작가님, 원래 가려던 도쿄가 아닌 후쿠오카에 워홀을 갔지만 잊지 못할 경험과 추억을 가득 안고 돌아온 원주희 작가님, 일상이 여행이 된 설레는 기분으로 1년을 보내고 자존감과 자신감까지 회복했다는 김희진 작가님!

이런 경험을 한 작가님들이 부럽기도 하지만 진심으로 감사드리고 싶습니다. 비록 간접 경험이지만 이 글을 읽는 내내 행복한 일본 워킹 홀리데이를 다섯 번이나 다녀온 기분이었으니까요.

이제 독자님들이 이 멋진 다섯 워킹 홀리데이 이야기를 만나보실 차례입니다. 두근거릴 준비, 되셨나요?

편집자 최수진

止まれ

CONTENTS

들어가는 글 _ 워킹 홀리데이라는 멋진 신세계 008

덕후가 워홀에 빠지면 019

오사카 & 도쿄 | 고나현

도쿄와 바다가 들려준 이야기 049

도쿄 & 이바라키 | 김윤정

후쿠오카에서의 일 년 111

후쿠오카 | 원주희

스스로 선택하고 살아가는 PLAN A. 원더풀 라이프 159

도쿄 | 김지향

일본 워킹홀리데이에서 취업까지 187

도쿄 | 김희진

일러두기

1. 본문에서 책과 잡지는《 》, TV 방송/영화/만화/공연은 〈 〉로 묶어 표기했습니다.
2. 본문에서 '워킹 홀리데이'를 '워홀'로 사용한 부분이 있습니다. 같은 의미로 쓰인 점 미리 알려드립니다.

涼
涼
涼

어느 도시로 갈까?
설렘 가득한 망설임

고나현

오사카 & 도쿄
워홀 기간 2016.4~2017.4

번역가 생활을 일본 워킹 홀리데이와 함께 시작한 현 5년 차 일본어 번역가. 무계획적으로 떠난 워홀에서 계획의 중요성을 배우고 돌아왔다. 운전면허 없음, 자전거는 직진밖에 못함! 하지만 게임과 서브컬처 전반을 좋아해서 덕심 따라 호기심 따라 일본 곳곳을 BMW(버스, 메트로, 워크)로 쏘아 다녔다. 가장 좋아하는 지역은 요코하마와 가마쿠라, 10년 넘게 좋아한 최애 게임의 배경지다. 요코하마와 가마쿠라에서 각도를 이리저리 조절해 가며 성지의 사진을 찍는 여자가 있다면 아마 본인일 가능성이 높다. 지금은 그때의 경험을 살려 출판 번역과 산업 번역 분야에서 활약하고 있다.

이메일 nahyeon.ko@gmail.com
인스타 nahyeon.ko

덕후가 워홀에 빠지면

고나현

어느 2월, 갑자기 잘 다니고 있던 직장에 사표를 던졌다. 어쩌면 내 평생직장이 될 수도 있겠다고 생각했던 곳이었다. 그런 곳을 미련 없이 그만둔 원인은 잘 무르익은 내 나이였다.

나는 오로지 책과 게임 때문에 일본어를 죽어라 독학해서 정신을 차리고 보니 JLPT 1급을 들고 있었던 흔히 말하는 오타쿠(덕후)다. 특히 장르문학과 연애 시뮬레이션 게임인 여성향 게임을 좋아하는 오타쿠. JLPT까지 딴 열정으로 일본어와 관련된 일을 했어도 됐을 텐데, 나에게는 자신감이 없었고 다른 일을 찾았다.

그렇게 그냥 일본어 좀 아는 사람으로 살던 내 인생에 얼마 후, 갑자기 무언가가 찾아들었다. 바로 '워킹홀리데이 제한에 걸리는 나이'.

여기서 '좋아, 가자!'라고 멋지게 결의했다면 좋았겠지만, 난 우유부단의 끝판왕이었다. 결국 워킹홀리데이에 합격하면 가고 떨어지면 가지 말자 결심하고 서류를 제출, 홀라당 붙어 버렸다.

처음부터 무계획이었고 그저 일본 문화를 좋아한다는

흔해 빠진 이유로 시작하게 된 워킹홀리데이였다. 그런 이유로 많은 방황을 거치게 된다는 걸 기쁨 반 당황 반이었던 출발 전의 나는 아직 몰랐다.

불똥이 발에 떨어지는 바람에 준비할 일이 밀려들었다. 직장을 그만둬야 했고 지인들에게 일본에서 살고 오겠다는 계획을 설명해야 했고 휴대폰 정지 및 은행 일을 처리했다. 한국에서 일본에서 살 집을 찾으려 했는데 하나같이 '견학 없이는 집을 드릴 수 없습니다'라고 하는 것도 머리를 싸매게 했다. 그 과정에서 깨달은 게 있다.

'어떡하지. 나 전자 남친(연애하는 게임의 2D 캐릭터를 의미)이랑 연애하는 법은 아는데 일본에서 사는 법은 진짜 모르겠다.'

그런 나도 결국은 총 두 지역에서 살았고, 총 열세 곳에 달하는 여행지를 방문하는 쾌거를 거두었다. 내가 처음으로 택한 거주 지역은 오사카였다.

오사카에서의 생활

나는 총 두 곳에서 살았는데 4월부터 10월까지는 오사카에서, 11월부터 4월까지는 도쿄에서 보냈다. 대학생 때 잠시 일본 오사카에서 생활한 적이 있었고 그런 이유로 오사카를 첫 거주지로 정했다.

나만의 규칙을 세워서 일본 생활을 했다.

첫 번째, 하루 한 번씩은 꼭 외출할 것. 두 번째, 최대한 많은 사람에게 먼저 다가가서 이야기할 것. 세 번째, 구매하기 전 3번씩 생각하며 계획성 있는 소비하기. 계획이 정말 중요하다는 걸 무계획으로 시작한 워킹홀리데이를 통해 배웠다.

처음에는 임시 숙소에 머물면서 계속 집을 보러 다녔고 결국 찾은 집은 작은 셰어하우스였다. 처음부터 임대보다는 셰어하우스를 중심으로 찾았는데, 그건 셰어하우스의 장점 때문이었다. 임대는 가구 등을 내가 다 장만해야 하지만 셰어하우스는 옵션으로 필요한 가구들을 갖추고 있는 경우가 많았다.

또 임대는 청소 등의 관리를 모두 내가 해야 하지만 셰어하우스는 일정 간격으로 관리자 혹은 청소해 주시는 분이 방문한다는 점도 나를 혹하게 했다. 게다가 가격도 저렴한 축에 속한다. 임대는 사례금 등의 사무비용도 많이 나간다. 누군가가 함께 산다는 것이 외지 생활의 두려움을 조금이나마 덜어줄 것 같았다. 그런 나에게는 셰어하우스가 딱 맞았다.

내가 살던 방은 침대와 에어컨, 벽장 등이 있었는데 오사카는 정말 덥고 습기가 엄청났다. 덕분에 다이소에서 100엔 주고 산 습기 제거제에 항상 물이 찰랑거려서 내게 공포를 선사했다. 이런 습기는 정말 난생처음이었다.

그 고온다습한 환경 덕인지 대형 거미 한 마리가 방에 안착했고, 나는 이 거미를 잡으려고 혹은 내쫓으려고 부단히 노력했지만 녀석이 덩치치고는 빛의 속도로 도망 다닌 탓에 결국 잡지 못했다. 모든 것을 포기한 나는 나중에는 공생하기로 마음먹으며 지인들에게 애완 거미가 집에 있다고 소개하고 다녔다. 말 그대로 정신 승리였다.

이름은 샬럿(한 거미가 친구를 살리기 위해 거미줄을 친다는 <샬럿의 거미줄>이라는 이야기에서 따오면서 이름값을 하길 바랐다)이라고 지어 주었다. 다행히 습기 가득한 벽장을 선호하는 샬럿은 크게 민폐를 끼치진 않았다. 가끔 내가 널어둔 빨랫감 위를 기어 다니는 게 문제긴 했지만 말이다. 그 문제는 셰어하우스 세탁기를 열심히 혹사하며 해결할 수 있었다. 먹이 안 챙겨줘도 돼, 안 씻겨줘도 돼, 그냥 가끔 나타나서 심장을 뛰게 하던 그 애완 거미 녀석은 그러다 내가 잠시 여행을 간 사이에 허망하게 죽어 버렸다. 끝까지 무엇 하나 내가 원하는 대로는 되어주지 않은 자유로운 영혼의 거미였다.

또 한 가지 신기한 일이 있었다. 일본에 간 지 얼마 안 됐을 무렵 고베의 한 백화점에서 하는 플리마켓 비슷한 이벤트에 갔는데 내가 대학생 때 봤던 일러스트레이터분이 그곳에 계신 게 아닌가!

예전에 오사카에 살았을 때의 일이다. 거의 귀국할 때쯤, 오사카의 지하상가에서 하던 플리마켓에 갔다. 대학생 때는 많이 가난했고 귀국 직전이었기에 돈이 거의 바닥나 있었다. 그래서 이분의 캐릭터 상품 두 가지를 두고 계속 고민하다가 하나를 골랐더니, 작가님이 내가 사지 않은 상품의 그림을 똑같이 엽서 봉투에 그려서 주셨다.

그런 기억이 있어서 그분께 다가가서 몇 년 전에 이런저런 일이 있었는데 기억하실지 모르겠지만 그때는 정말 감사했다고 하면서 백화점 지하에서 산 과자를 건넸다. 그랬더니 작가님이 무척 놀라시며 이런 인연이 다 있느냐고 사인을 해주셨고 그걸 아직도 소중하게 간직하고 있다. 다시 만나게 된다면 작가님과 또 인사를 나누고 싶다. 정말 세상은 좁고 사람의 인연이란 놀랍다는 걸 깨달은 날이었다.

오사카와 여행

오사카에 사는 동안 내가 다닌 여행지는 고베와 교토, 히메지, 돗토리, 아와지, 도쿄다. 특히 고베는 바다와 야경을 좋아하는 내가 가장 사랑하는 곳이다. 사실 고베는 전자 남친들이 등장하는 게임의 배경이기도 해서 길 한복판에서 두근거리는 가슴을 부여안고 사진 찍는 오타쿠를 보셨다면 나일 가능성이 매우 크다.

전자 남친과의 추억에 젖어 보겠다면서 게임 속에 등장한 목장까지 가본 워홀러가 아마 흔하진 않겠지. 말과 오리와 양들에게 둘러싸인 나는 행복한 동시에 잠시 무엇이 나를 이렇게 만들었는지 생각해보기도 했다.

하지만 이 덕질 덕에 즐거운 기억도 하나 있었다.

늦봄쯤 한창 장미 페스티벌 중이던 고베의 누노비키 허브원을 찾았는데 그곳에서 내가 좋아하는 게임의 코스프레를 한 코스튬 플레이어를 만났다. 많이 주저했지만 워홀 초기에 세웠던 '최대한 많은 사람에게 말 걸기'라는 규칙을 생각하며 말을 걸었고, 그분들은 외국인이 자기들이 좋아하는 게임을 안다는 사실을 신기해했다. 그리고 그중 한 분과는 아직도 SNS를 통해 종종 얘기를 나누고 있다. 방구석에서 게임만 한 덕에 만날 수 있었던 작은 인연이었다.

그다음으로 자주 갔던 교토에서는 버스를 타고 다녔는데, 외국에서 버스를 탄다는 데 공포를 느꼈던 초반의 나는 교토에서 영 즐기질 못했다. 버스표를 쥐고 언제 내려야 하나 초조하게 안내판을 살피던 기억이 아직도 선명하다. 사실 교토는 집에 돌아갈 때쯤 봄에 한 번 더 갔는데, 여름의 교토보다 봄의 교토가 더 아름다웠다. 이 시기 교토의 니조 성에서 라이트 업 행사를 했는데 그때 본 밤 벚꽃과 철학의 길을 따라 흩날리는 벚꽃 속을 걸었던 기억이 아직도 인상 깊게 남아 있다.

히메지는 히메지 유카타 마쓰리 때문에, 아와지는 가볼 만한 거리에 있어서 딱 한 번씩 가봤다. 사실, 가볼 만한 거리에 있더라도 웬만하면 차를 가져가는 게 좋다. 버스가 있기는 하지만 배차 간격이 매우 길고 차가 일찍 끊긴다.

돗토리 역시 딱 한 번 가봤지만 가장 인상 깊은 여행지였다. 사실 돗토리는 같이 아르바이트하던 일본인마저 시골이라 볼 게 없다고 말렸다. 난바에서 제법 비싼 돈을 주고 버스를 타고 간 그곳은 정말 시골이었다. 오사카에서 한참 유행하던 영화가 이제 막 개봉한다는 사실에 황당했던 기억이 난다.

그런 돗토리에 간 이유는 딱 하나였다. 옛날에 본 순정만화에 돗토리의 사구를 걷는 장면이 나왔는데 나도 그걸 해보고 싶었기 때문이다. 사구에 가기 전까지 와라베칸(장난감 박물관)과 인풍각, 모래 박물관 등을 돌았고 돗토리는 어째서인지 할인 쿠폰을 많이 뿌려서 비싼 교통비에 비하면 제법 합리적인 가격에 돌아볼 수 있었다.

제법 구경을 잘하고 마침내 설레는 마음으로 찾아간 사구는 오전 중에 내린 소나기 때문에 내가 생각했던 이미지와 전혀 달랐다. 만화에서는 모래가 발가락 사이로 빠져나간다고 했는데 손으로 쥐어 보니 클레이아트도 할 수 있을 것 같았다. 하이라이트는 그 직후였다. 그래도 덕후는 강했고 다시 오긴 힘들 것 같아서 기어코 맨발로 사구에 들어가는데 엇갈려 지나가던 아주머니께서 이렇게 말씀하셨다.

"엇, 나는 사양할래요……."

그 후로는 그냥 에라, 나도 모르겠다 하고 걸었던 것 같다. 어차피 순정만화 속 남자 주인공처럼 멋진 남자가 옆에 없다는 것부터가 고증 오류였으니까. 결국 그 이후 지금까지 돗토리에 다시 가지 못했으니 역시 그때 들어갔던 게 맞았던 것 같기도 하다.

짧은 아르바이트 생활

아르바이트는 일본의 유명한 프랜차이즈 커피숍인 도토루 커피에서 했는데, 며칠 다니면서 알게 된 사실이 있었다. 같은 사람이 매일 정해진 시간대에 같은 메뉴를 시키러 온다! 이 이야기를 나중에 일본인에게 하면서 신기했다고 하자 그 사람은 알 것 같다는 표정을 지었다.

언젠가 한 번은 가게 오픈이 늦어졌는데 사정을 듣고 이해해 주신 손님들이 그대로 줄을 서서 가게 문 열기를 기다렸다. 아마 나였다면 언제 열릴지 모르는 커피숍에서 줄을 서느니 다른 대체재를 찾았을 것 같은데 놀라웠다. 손님들은 우리 가게 문을 열 때까지 기다려주었고 다행히 비교적 빨리 오픈한 덕에 손님들의 패턴을 지켜드릴(?) 수 있었다. 그 후로도 매일 같은 손님을 보며 일했고 나중에는 어느 정도 적응해서 단골손님도 제법 알아보게 되었다.

아르바이트를 하며 가장 기억에 남는 여자 손님이 있다.

흡연실 재떨이를 치우는데 한 손님이 날 부르더니 사진을 찍어주지 않겠냐고 했고 나는 충분히 들어줄 수 있는 부탁이기에 승낙했다. 하지만 손님에게는 다 계획이 있었다. 앞에 있던 손님의 동행자가 '너 정말 할 거야?'라고 하길래 '무슨 말이지?'하고 생각한 찰라, 손님이 갑자기 가방을 뒤적이더니 말 가면을 꺼내 들었다! 그리고 그걸 쓰더니 사진을 찍어 달라고 했다. 매일같이 와서 깐깐하게 구는 할아버지 손님, 서류를 소파 뒤에 떨어뜨렸다고 빼 달라는 미남 손님, 내 이름을 보고 신기해하는 노부부 손님, 일본어를 잘한다고 칭찬해 준 여자 손님. 별의별 손님을 다 봐왔지만 말 가면을 쓰는 손님은 처음이었다.

결국 침착하게 사진을 찍어드렸고 손님은 잘 나왔다며 대만족하셨다. 아르바이트는 오사카에서만 했기에 이런 기억은 도쿄에서는 얻지 못했다. 아마 아르바이트를 더 했더라도 말 가면 이상의 그 무엇을 보지는 못했을 것 같긴 하지만 말이다.

후일 아르바이트를 하지 않으며 보냈던 도쿄에서의 반년을 생각하면 오사카에서는 단연 사람들과 이야기를 많이 나눌 수 있어서 좋았다. 또 믿을 만한 사람을 많이 만났고 그 사람들은 내게 소중한 추억을 많이 남겨 주었다. 지금 다시 워킹홀리데이를 갈 수 있다면 한 장소에서 오랫동안 아르바이트를 하면서 좋은 인연들을 많이 만들어가는 길을 택하지 않을까 싶다.

도쿄에서의 생활

휴대폰이나 통장 같은 건 오사카에서 다 해결했으니 도

쿄에서의 생활은 조금 편하게 시작했다. 역시나 이케부쿠로와 아키하바라를 누비며 덕질 좇아 발길 가는 대로 여행을 다녔다. 덕후는 오사카에서나 도쿄에서나 덕후였다.

도쿄에서는 혼성으로 사는 셰어하우스에서 지냈는데 이제 제법 일본 생활에 적응해서인지 밥도 곧잘 지어 먹었고 일본인들조차도 호불호가 갈린다는 낫토를 거의 끼니마다 먹었던 것 같다. 저렴하다는 가장 큰 강점과 더불어 내 입맛에도 제법 맞았기 때문이다. 워킹홀리데이로 온 사람들이 많아서 집에 있는 시간대가 많이 겹치던 오사카의 셰어하우스와는 달리, 도쿄에서 살던 셰어하우스는 직장인들이 많아서 나 혼자 집에 있는 경우가 많았다.

오사카에서는 직장 퇴직금도 남아 있었고 아르바이트로 돈도 벌었다. 아르바이트도 하지 않고 퇴직금도 여행이다 뭐다 하면서 거의 다 써버린 도쿄에서의 워홀 반년 차 이후에는 '번역'으로 먹고 살았다. 사실 일본에 오기 전에 출판사 두 곳과 번역 외주 계약을 맺고 오사카에서도 번역 일을 계속하고 있었다.

다행히 번역하는 언어가 일본어고 소설이다 보니 책을

직접 사서 번역본만 메일로 보내드리는 식으로 1년을 버티며 살았다.

아마 출판사 입장에서는 뽑자마자 일본으로 간다는 번역가를 보고 어지간히 황당하지 않았을까. 그때 나의 사정을 이해해 주신 출판사 관계자분들께는 지금도 감사하는 마음뿐이고 그 은혜를 생각하면 출판사가 있는 쪽으로 절도 올릴 수 있을 정도다.

여기서 갑자기 왜 번역가 얘기가 나오느냐 하면 내가 사는 셰어하우스에는 다양한 사람이 살고 있었지만, 그중에서도 잊을 수 없는 사람이 바로 '만화가 어시스턴트'였기 때문이다. 번역가와 만화가가 한 지붕 아래 사는 경우가 아마 흔치는 않을 것이다. 그게 못내 신기했다.

처음에 셰어메이트들에게 만화가가 있다는 이야기를 들었을 때, "어, 무슨 작품을 그리는데요?" 했더니 내가 알고 있는 만화 제목이 나와서 너무 신기했다. 직업 특성상 마감쯤이면 밤을 새울 때가 있는 나처럼 누가 자꾸 새벽에 나와서 어슬렁어슬렁 돌아다녔는데, 그게 바로 그 만화가 어시스턴트였던 것이다.

하지만 다른 셰어메이트들이 내가 작품을 안다는 말에 “잘됐네. 아마 본인이 알면 기뻐할 거야.”라고 한 데 비해 실제로 만난 만화가 어시스턴트분의 반응은 이랬다. “어, 어떻게 아는 거예요?!” 처음에는 왜 그렇게 반응했을까 했는데 아마 멋쩍었던 게 아닐까 싶다. 나도 번역가라고 자기소개를 했지만 정작 내가 어떤 작품을 번역하는지는 끝까지 말하지 않았다. 아마 그런 내 마음과 비슷하지 않았을까?

나는 도쿄에서 새해를 맞았고 한국에서도 딱히 타종 행사에 가본 적이 없었는데 오타쿠답게 일본의 새해맞이에 약간의 로망이 있었다. 특히 모 순정만화에서 새해를 맞기 전에 아마자케(일본식 감주)를 먹는 장면이 나왔는데 그게 너무 강하게 인상에 남아 있었다. 그래서 셰어메이트에게 어떤 곳이 새해를 맞기에 좋으냐고 물어보면서까지 고민하다가 택한 곳은 아사쿠사의 센소지였다.

수많은 사람 사이에 끼어 카운트다운을 한 후, 다 같이 새해를 맞았다. 소원대로 아마자케를 마셨는데 생각했던 것보다는 밍밍한 맛이었다. 그러면서 종소리를 들었는데,

게스트를 여러 명 초대해서 돌아가면서 종을 한 번씩 치는 식으로 타종 행사를 했다.

그런데 모든 걸 즐긴 그 날, 하나 간과한 것이 있었다. 일본은 교통수단을 사기업에서 운영하는 경우가 많아서 그 날 우리나라로 치면 1호선~9호선 같은 일반적인 노선은 연장이 됐다. 하지만 나는 다카다노바바 역에서 노선을 하나 갈아타고 가야 하는데 그 노선이 끊긴 것이다.

그날 정거장 4~5개쯤이야 하는 마음으로 무모하게 걷는 길을 택했다. 어딜 가나 사람이 많아서 도저히 들어갈 수 있는 가게나 숙박업소가 없었다. 새벽 1시쯤 출발해 4시쯤 집에 도착했다. 무계획과 무지가 초래한 그 날의 워킹홀리데이(walking holiday)는 정말 잊지 못할 것이다.

그렇게 숙소로 돌아간 내게 일본인 셰어메이트 중 하나가 이렇게 말했다.

"그러게 볼 거 없으니까 가지 말랬잖아……."

착한 워홀러들은 현지인의 말을 귀담아듣도록 하자.

도쿄와 여행

도쿄에 사는 동안 내가 다닌 여행지는 사이타마, 지바, 요코하마, 가마쿠라, 에노시마, 나고야다. 특히 앞서 바다와 야경을 좋아한다고 말했듯 가장 좋아한 곳은 요코하마였다. 요코하마 역시 전자 남친들이 나오는 게임의 배경이어서 정말 곳곳을 돌아다녔다.

사실 사이타마는 모 순정만화 때문에, 지바는 성우들이 나오는 이벤트 때문에, 요코하마와 가마쿠라, 에노시마는 성지라고 불리는 게임 배경을 돌아보느라, 나고야는 게임 컬래버레이션 이벤트 때문에 갔으니 정말 덕질에 살고 덕질에 죽는 워홀 생활이라고 할 수 있었다.

어느 날 정신을 차리고 보니 게임의 배경이었던 수족관에 가서 돌고래 쇼를 보며 물개박수를 치고 있었다. 그런 하루하루였다.

이 중에서 인상 깊었던 여행지는 가마쿠라, 에노시마와 나고야다. 가마쿠라와 에노시마는 사실 붙어 있고 한꺼번에 구경하기 좋아서 가마쿠라에 가면 꼭 에노시마에 갔다. 에노시마의 에노덴이 다니는 역 중 한 곳은 슬램덩크에 등장하는 성지라서 그곳에 가면 나와 같은 오타쿠들을 제법 볼 수 있다. 가마쿠라는 가마쿠라 막부의 창건자인 미나모토노 일족의 근거지이기도 하다.

일본 문화를 접하다 보면 미나모토노 요시쓰네라는 이름을 한 번쯤 들어본 적이 있을 텐데, 그는 가마쿠라 막부의 초대 쇼군인 미나모토노 요리토모의 이복동생이다. 그래서 이곳에 가면 미나모토노 요리토모 등의 동상과 묘지, 그들의 이야기와 관련이 있는 곳 등을 볼 수 있다. 나도 요리토모의 동상을 보려고 겐지야마 공원에 갔는데, 일반적인 공원을 상상한 나를 맞아준 것은 산이었다.

겐지야마(源氏山), 생각해 보니 겐지 다음에 붙는 야마(산)가 복선이었던 것 같다. 생각보다 훨씬 복잡한 구조여서 길을 잃은 나는 심지어 부슬부슬 내리는 비를 맞으며 '묘지'를 맞닥뜨린다(이 공원에는 히노 도시모토의 묘가 있다). 그때의 공포란. 그래도 그 덕에 내 위치를 대강 짐작하고 겨우 동상을 찾아갈 수 있었다.

그날의 당황스러움은 1차로 끝나지 않았다. 동상을 보고 공원 내부를 어슬렁거리던 웬 외국인이 날 붙들더니 갑자기 길을 묻기 시작한 것이다. 제니아라이벤자이텐을 찾는다는 건 알아들었지만 문제는 내가 가마쿠라는 초행이라는 것이었다. 하는 수 없이 지나가던 일본인을 발견하고는 희망에 찬 목소리로 그분께 제니아라이벤자이텐의 위치를 물었다. 하지만 돌아온 답은 매우 뜻밖이었다.

"호호호, 나도 거기 가려는 길인데 길을 잃었지 뭐예요."

겐지야마 공원은 (현지인도 길을 잃는) 생각보다 더 무서운 곳이었다. 결국 일본인과 한국인과 서양인이 줄을 지어 제니아라이벤자이텐을 찾아다녔다. 나중에 가마쿠라를 한 번 더 찾았는데 그때는 왜 그렇게 헤맸을까 싶을 정도로 제니아라이벤자이텐 우가후쿠 신사는 찾기 쉬운 곳이었다. 이곳에서 돈을 씻으면 돈이 불어난다는 설이 있다.

나고야는 사실 셰어메이트들이 볼 게 없다고 했던 곳이지만 그렇게 기대 없이 가서인지 나중에는 괜찮게 구경했던 여행지로 꼽게 되었다. 나고야는 된장이 유명하고 미소카츠(된장 돈가스)와 키시멘(얇고 납작한 면이 특징인 면 요리) 등의 먹거리가 있다. 지역색이 강한 음식을 먹어본 건 나고야가 처음이었기에 이것도 인상 깊었다.

특히 나바나노사토라는 곳에서 매년 하는 일루미네이션이 가장 기억에 남는다. 그해의 주제는 '대지'였는데 그 주제에 맞춰 대형 스크린에 다양한 영상을 띄워줬다. 이곳도 버스를 타고 한참 높은 곳으로 올라가야만 갈 수 있는 곳이라 정말 코가 떨어지는 게 아닐까 싶을 정도로 추웠다. 그런데도 한참을 바라볼 만큼 장관이었다.

영화관 만한 크기의 스크린 위에 아시아의 푸른 자연이, 아프리카의 초원이, 북극의 빙하가, 말 그대로 수많은 대지의 모습이 비쳤기 때문이다. 특히 오로라 영상이 나올 때는 너무 아름다워서 눈을 떼지 못했다. 정말 그것 하나만으로도 간 것을 후회하지 않을 멋진 경험이었다.

그 밖에는 도쿄에서 가구라자카의 문학의 길(가구라자카는 문학가, 예술가 등이 많이 살았던 곳으로 나쓰메 소세키 박물관도 있다), 영화 '언어의 정원'의 배경으로 나왔던 정자나 히나 인형 전시전 같은 곳에 갔고, 일본 영화관에서 자막 없이 영화 보기에 도전했다. 그렇게 일본의 문화를 온몸으로 느끼며 한국으로 귀국하는 그날까지 알찬 일상을 보냈다.

일본에서 번역가로 살아남기

직장을 그만두는 동시에 번역가로 전업했고 워킹홀리데이가 끝난 지금도 번역가로 살고 있다. 앞에서도 언급했지만 워킹홀리데이를 가기 전에 출판사 두 곳과 번역서 계약을 했고 일본에 거주하며 당시에는 주로 소설을 번역했다.

일본에서 일본어 번역가로 사는 일은 사실 난도가 그렇게 높지 않았다. 일본어 원서를 구하기도 쉽고, 번역하다가 모르는 것도 직접 경험하면서 알아낼 수 있었기 때문이다.

다도가 소설 배경으로 등장했을 때는 '다도 교실에 가볼까?' 했을 정도다. 결국 유튜브라는 문물 덕에 그만두긴 했지만, 그때 얻은 지식 덕분에 다도실을 보고 이것이 어떤 용도로 쓰이는지, 뭐 하는 것인지 금방 알 수 있었다. 이때 여행 다니며 얻은 일본 문화와 지역에 관한 지식은 아직껏 내 번역 작업에 유용하게 쓰이고 있다.

출판사의 너그러운 이해로 원서를 직접 조달해서 번역 작업을 하기로 한 것까지는 좋았다. 문제는 내가 1년 차 햇병아리 번역가에 원서를 어디서 구해야 하는지도 몰랐다는 사실이었다. 처음에는 무작정 대형 서점에 들어가서 당당하게 책을 찾아다녔다. 당연히 모든 책이 대형 서점에 간다고 다 있는 건 아니었다.

당시 로맨스 소설을 주로 번역했는데 장르 소설의 특성상 제목이 상당히 민망했다. 그래서 점원이 제목을 복창할 때마다 고개를 들지 못했던 기억이 난다. 심지어 대부분 서점에 없어서 주문 후에 다시 찾으러 가야 하는 경우가 많았다. 그리고 또 찾으러 가서 "어떤 책을 찾으러 오셨나요?" 하는 직원에게 책 제목을 말해야 한다는 것도 내게는 수치 플레이와도 같았다.

그러나 인간은 학습하는 생물. 나중에는 아마존과 북오프, 만다라케 등의 중고 서적을 취급하는 곳을 알아내서 인터넷으로 시키거나 매장에 가서 구매했다. 그게 훨씬 싸게 먹히고 책을 구하기 쉽다는 걸 왜 진즉 몰랐을까.

아르바이트를 했던 약 반년간의 오사카 생활 때도 번역 작업을 꾸준히 했다. 체력을 써야 하는 커피숍 아르바이트와 머리를 쓰는 번역일 둘을 동시에 진행하기는 정말 힘들었다. 에너지 드링크를 입에 달고 살았고 나중에는 기절하듯 잠들어서 가위에 눌리기도 했다. 심지어 번역 후기를 쓰는 도중에 낡을 대로 낡은 테이블이 무너졌을 때는 정말 울고 싶은 심정이었다. 이때 충분히 힘들었기에 도쿄에서는 번역 일만 하면서 가난한 베짱이로 살았는지도 모르겠다.

사실 초보 번역가가 쥘 수 있는 돈은 정말 소액이었기에 빈말로라도 풍족하게 살 수는 없었다. 하지만 집세를 낼 수 있고 때때로 내가 다니고 싶은 곳을 여행 다닐 수 있을 정도의 생활을 누린 것만으로도 행복했다.

워킹홀리데이가 번역가 인생에 도움이 되었냐고 묻는다면 답은 'YES'다. 우선 관광 관련 번역 일을 따낼 때 많은 일본 여행지를 직접 다녀왔다는 점을 어필할 수 있다.

산업 번역 의뢰를 받고 한 호텔 홈페이지의 번역을 감수하는 과정에서 잘못된 고유명사를 실제로 가봤기에 잡아낼 수 있었다. 또 일본의 교통수단이나 문화 등을 직접 몸으로 부딪치며 느껴본 일도 소설을 번역할 때 작품의 내용을 이해에 하는 데 큰 도움이 되었다.

모든 워홀러가 번역가를 꿈꾸는 건 아닐 테지만 번역 장르는 다양해서 출판 번역 외에도 산업 번역, 영상 번역 등이 있어서 컴퓨터만 있으면 외국에 있어도 충분히 번역 일을 할 수 있다. 나는 실제로 번역 일을 하며 그렇게 1년을 버텨냈다.

글을 맺으며

우유부단하게 결정한 워킹홀리데이였지만 다니던 직장을 그만두기까지 수도 없이 고민하고 또 고민했다. 1년이라는 짧지 않은 기간을 잘 버텨낼 수 있을지 자신이 없었고 괜히 좋은 직장동료들과 꼬박꼬박 월급 주는 직장을 버리게 되는 게 아닐까 두려웠다. 도박하듯 워킹홀리데이 서류를 제출하기까지 약 2달을 고민했다.

'올해를 넘기면 나는 워킹홀리데이를 신청할 수 없는 나이가 된다. 이 해를 그냥 보내고 나는 정말 후회하지 않을까? 인생을 돌아보면서 역시 그때 갈 걸 그랬다고 슬퍼하지 않을까? 하지만 내가 매일 보는 이 하늘을 포기할 수 있을까? 정말 이 하늘 아래가 아닌 곳에서 잘 지낼 수 있을까?'

고민에 고민을 거듭하며 내린 결론은 후회하고 싶지 않다였다. 그렇게 눈 딱 감고 신청한 워킹홀리데이에서 합격해 버렸고 워킹홀리데이를 하는 동시에 번역가가 되어 인생 최고의 전환기를 맞이했다. 지금도 그때의 결정을 후회하지 않는다.

물론 좋은 일이 있었던 만큼 힘든 일도 많았고 너무 힘들어서 운 적도 있다. 실제로 오사카가 좋아서 오사카에서만 정착할까 했던 내가 도쿄로 가게 된 계기는 아주 안 좋은 사건 때문이었다. 하지만 그 후 간사이 공항을 거쳐 귀국하는 나에게 그 사건을 아는 아르바이트 동료가 해준 말이 내게는 보물처럼 남아 있다.

"나는 어쩌면 너무 힘들어서 도망친 걸지도 몰라."

라는 나의 말에 그 친구는

"너는 도망친 게 아니라 앞으로 나아간 거야."

라고 말해주었다. 그 말에 나는 구원을 얻은 기분이었다. 이런 사람을 만난 것만으로도 워킹홀리데이를 통해 많은 것을 얻었다고 생각한다.

일본에서 직접 살아보고 각지를 여행하며 돌아다닌 경

험도 번역가로 일하는 데 큰 도움이 된다. 초기에 번역 작업을 해서 출판사에 보낸 소설의 지명이 잘못됐다는 걸 그곳에 직접 가보고 안 적도 있다.

워홀 당시에는 계약한 번역 업체가 두 곳밖에 없어서 전전긍긍했던 1년 차 햇병아리 번역가는 열 곳이 넘는 번역 업체와 계약한 5년 차 영계로 성장했다.

워킹홀리데이에서 미처 못 가본 지역을 직접 찾아가고 내가 번역한 작품의 배경이 된 지역에 가보는 것이 지금의 내 소소한 꿈이다. 이 경험들이 또 내게 어떤 밑거름이 되어줄지 출발 전이지만 벌써 설렌다.

처음에는 무작정 일본이 좋아서 신나게 워킹홀리데이를 떠났지만 인생은 단짠단짠이었다. 좋은 일이 있는가 하면 힘든 일이 있고 오타쿠로서 덕질을 하면서 심장이 터질 것처럼 기쁜 일이 생기기도 했고 동시에 슬픈 일도 있었다.

아주 큰 행복이 있다면 작은 불행마저도 크게 다가올 수 있다. 아주 큰 불행이 있었다면 작은 행복에도 하늘을 날 듯 떠오를 수 있다. 그걸 반복하는 삶이 일본에도 있었다. 그런데도 그 1년은 내 인생에서 가장 아름답게 빛나는 보석 같은 한 해가 되었다.

워킹홀리데이를 망설이는 분이 있다면, 아무리 고민해도 나는 떠나야겠다는 분이 있다면 나처럼 눈 딱 감고 첫 걸음을 내디뎌 보셨으면 한다.

어쩜 또 모를 일 아닌가. 살아가면서 '아아, 그때는 참 좋았지!' 하고 돌아볼 추억을 얻게 될지도…….

모든 떠남에는 이유가 있다

김윤정

도쿄 & 이바라키
워홀 기간 2019.8~ 2020.8

국문학을 전공했다. 취미로 그림을 그리면서 네이버 웹툰 베스트도전에서 〈윤덩까툰〉을 연재했다. 한국에서 태어나 한국에서 자랐지만 영어와 일본어나 스페인어, 프랑스어 등 다양한 언어에 관심이 많아 공부 중이다. 여행을 좋아하진 않지만 주변 사람에 이끌려 자주 여기저기 떠다니는 면이 없잖아 있다. 여행보다는 잔잔히 외출하기를 좋아한다. 친구들을 만나고 카페에 가서 수다를 떨고 하는 시간을 세상에서 제일 좋아한다. 코로나 때문에 외출도 어려운 시기에 영국으로 워홀을 왔다. 전부터 계획한 일이라 난항에도 불구하고 착륙. 주로 한국어를 가르치는 일을 하고 있다. 개인 과외로 영어와 일본어도 틈틈이 가르치며 공부를 게을리하지 않으려 노력 중. 좋아하는 건 《셜록 홈즈》와 《폭풍의 언덕》 그리고 한국문학 중에서는 이상의 《날개》다. 현대문학 중에서는 시인 박준의 작품을 좋아하는데 그렇다고 팬은 아니다. 외국인들에게 한국어를 가르치면서 느끼는 바로는 한국의 음악과 드라마가 외국 사람들에게 주는 영향력이 생각보다 크다는 것이다. 덕분에 평소 취미에 없던 한국 드라마 보기가 일상이 되었다. 음악은 요즘은 트와이스와 오마이걸의 노래를 좋아한다. 남자친구가 영국 사람으로 종종 한국어 교육의 대상이 되어주고 있다. 요즘 바라는 게 있다면 한국에 가서 뜨끈한 김치찌개에 밥말아 먹는 것. 순두부찌개를 먹고 싶은데 런던까지 가야 한다. 최근에 런던 가는 기차가 고장 나기도 했다. 어차피 가도 한식당밖에는 갈 데가 없다. 로망을 쫓아 일본에 갔던 것처럼 달려온 영국이지만 현실은 방 안에서 맥북을 쳐다보며 강의하는 삶을 살고 있다. 가끔 바람 쐬러 근처 관광지에 가기도 한다. 코로나가 끝나고 백신 맞고 얼른 자유로워져서 이탈리아에 한 번 가보고 싶다. 그리스는 또 바다가 그렇게 예쁘다던데, 여행을 엄청나게 좋아하진 않지만 그래도 돌아다녀 보고 싶다. 관광지 말고 그냥 사람 사는 곳에 살아보고 싶다. 오아라이에서의 삶이 그랬는데. 당시에는 덥고 쪄 죽겠고 집에 가고 싶고 하루하루 불평만 했는데 돌아보니 그때가 최고 좋은 날이었더라. 아마 오늘과 지금도 그렇겠지 하며 버티며 살아가는 중.

블로그 https://blog.naver.com/eh9243
이메일 yunesday@gmail.com
인스타 @yunesday

도쿄와 바다가 들려준 이야기

김윤정

시작은 도전이었다.

현실보다는 낭만을 좇아서 그렇게 일본에 갔다.

국문학 소녀의 로망은 일본

일본이란 공간은 참 다양한 모습을 가지고 있다. 여행을 좋아하는 사람들에게 일본은 더없이 훌륭한 장소일 것이다. 여행객에게 일본만큼 친절한 곳이 있을까. 거리는 깨끗하고 식당과 호텔의 직원뿐 아니라 대부분의 사람이 친절하다. 일본말을 할 수 있다면 일본말로 도움을 주고 말이 통하지 않더라도 직접 데려가 안내해주는 이들이 일본에는 곳곳에 있다.

봄에는 벚꽃이 만발하여 관광객을 두 팔 벌려 환영하고 여름에는 찌는 듯한 무더위 가운데서도 푸르게 피어난 수국이 수줍게 웃고 있다. 가을 단풍은 오래된 건물과 조화롭게 어울리고 겨울에는 한국에서 가져온 두꺼운 패딩이 의미 없는 선선한 추위로 반기니, 사계절 여행하기 좋다.

편의점을 좋아하는 외국인이 있다. 음료수 자판기를 보면 신이 나는 관광객도 있다. 누군가는 일본의 기차를 좋아하고 어떤 이는 일본의 만화나 음악을 좋아한다.

나를 가장 신나게 했던 건 벚꽃과 음악보다 미쓰코시 백화점이었다. 문학을 좋아하는 나는 국문과에서 근대문학을 더러 읽어왔다. 고전도 좋았고 현대문학도 좋았지만, 한국 근대문학이 가장 좋았다. 읽다 보면 배경으로 심심하지 않게 나오는 일본 이야기를 보며 머릿속에는 상상 속 일본 이미지가 자라났다.

한국의 근대 문학가 중에는 친일하거나 변절한 이들이 많다. 반대로 항일한 이들도 많다. 다른 이들이 총과 칼을 들 때 어떤 이들은 붓과 펜으로 그들의 이념과 생각을 적어나갔다. 그들이 새긴 발자국을 밟으며 나는 그 옛날 한국의 흔적이 남아있는 장소에서 한국과 일본의 복잡한 관계를 이해하고 싶었다.

이상의 소설 '날개'를 보면 마지막 장면에서 주인공이 한 발자국 나아가는 공간이 있다. 바로 '미쓰코시 백화점'이다. 당시 한국 서울(경성)에 있던 일본의 백화점이 주는 의미는 다양하지만, 내게는 무엇보다 슬픈 공간으로 다가왔다. 소외되기 쉬운 공간, 소외되어도 아무도 알지 못하는 소외되기 편한 공간. 쇼핑을 하는 이도, 구경을 하는 이도, 단지 방황을 하는 이에게도 허락된 백화점이란 공간. 그곳에서 주인공이 선택한 행동의 뜻은 무엇일까? 늘 궁금했다.

도쿄 긴자에 갔을 때 미쓰코시 백화점을 보고 놀랐다.

이 공간이 실재한다는 사실을 몰랐다. 나는 문학 외에는 대체로 무지한 편이라 당시에도 멍청한 반응을 보였고 동행한 이는 당황해했다. 백화점에 들어가서 에스컬레이터를 따라 쭉 올라갔다. 마카롱 가게가 있었고, 디저트 가게가 많았고, 화려한 옷과 비싼 화장품 등이 진열되어 있었다.

한국에도 백화점은 많지만, 그 공간, 미쓰코시 백화점은 괜한 마음의 울림을 주었다. 일본에 가서 내 조상이 화해할 수 없었던 나라와의 화해를 꿈꾸어보았다. 공간마다 부의 격차와 부당한 차별을 느꼈을 동경의 유학생들을 생각해보기도 했다. 해리포터나 셜록 홈즈를 좋아하는 사람들이 있다면 가장 가보고 싶은 여행지로 영국을 꿈꿀지 모른다. 나의 로망은 일본에 있었다. 그 옛날 한국 사람들이 경험한 일본은 남아있지 않을지 모르나, 지나간 공간의 의미를 이해하고 싶은 소박한 꿈이 있었다.

어렸을 때부터 마음에 품어온 말이 있다.

"Follow your own path and let people talk."

그대의 길을 가라. 남들이 뭐라고 하든 그대로 두어라.

일본과 나의 인연의 시작

일본에 처음 갔던 해에 나는 중학생이었다. 한자학원에서 배우는 일본어를 좋아한 데다 당시에는 일본 작가의 만화에도 빠져있었다. 일본에 가고 싶었던 나는 엄마와 약속을 했다. 일본어 능력 시험을 봐서 2급에 합격하면 일본에 보내준다고 하셨기에 열심히 공부했다.

시험장에는 나이 많은 어르신부터 나와 같은 어린애까지 다양한 사람들이 있어 신선히 놀라웠다. 결과로 합격 소식을 보았을 땐 기뻤다. 그해 여름, 엄마는 동생과 나를 일본 지역의 우리나라 역사를 찾는 프로그램을 통해 일본에 보내주셨다. 오사카와 교토 지역을 방문했다. 처음 먹어보는 일본 음식들은 맛있었지만 조금 짰다. 새우튀김이 특히 맛있었는데, 겉은 바삭하고 안은 촉촉한 식감이 유쾌했다.

모두가 스시(초밥)를 먹으러 갈 때 나와 동생은 스시가 싫어 햄버거를 먹으러 맥도날드에 갔다. 줄을 서서 차례를 기다리다가, 드디어 내 차례가 되었다. 일본어로 안내하는 점원에게 그동안 연습한 일본어를 사용할 기회라고 생각하고 용기 내 한마디 하려는데, 점원은 나를 쓱 보더니 외국인 여행객이란 걸 재빨리 눈치채고 영어로 질문을 했다.

순식간에 풀이 죽은 나는 손짓으로 대답하고 번호표를 받아든 채 계산대를 벗어났다. 동생은 일본어로 잘 질문했냐고 물었고 나는 한 마디도 못했다며 울상을 지었다. 그런 기억이 있고 나서부터 일본어로 자유로이 대화하는 것에 대한 바람이 생겨났다. 언어에 대한 욕심이었다.

기회는 대학생이 된 후에 찾아왔다. 학교 정원을 거닐던 중에 발견한 '해외 교환학생 모집' 현수막이었다. 친구 중에는 독일이나 영국으로 유학을 준비하는 아이들이 있었지만 나는 일본이 좋았다. 일본에 가고 싶었다. 국문과 학생이 왜? 하고 묻는 사람들에게 기대하는 대답을 해주지 못했다. 그냥 일본어를 마침 잘해서 간다고 했다. 일본어를 마침 잘하지는 않았다. 어릴 때부터 배우긴 했지만 많이 잊었기 때문에 다시 공부해야 했다.

졸업 전에 한 학기를 쉬고 일본어 공부에 몰두하며 동시에 카페 아르바이트를 하면서 돈을 저축하고 준비를 했다. 부모님에게 손을 벌리고 싶지 않아 늦게 이야기했다. 여느 엄한 부모님들이 그렇듯 반대의 말을 들을 게 뻔했기에 준비가 다 된 후에야 통보처럼 말씀드렸다.

평일 오후 세 시부터 밤까지 동네 카페에서 일했다. 사장님과 친해진 이후로는 아침부터 카페에 가서 사장님께 인사하고 커피 한 잔을 주문한 후 자리에 앉아서 출근 전까지 일본어 공부를 했다. 초반에는 가장 높은 급수인 N1을 공부했다. 높은 급수에 합격해 놓으면 일본에서도 더 좋은 대학교로 신청해 갈 수 있기 때문이었다.

하지만 중간에 목표를 한 단계 낮추어 N2로 바꾸고 안정적으로 합격하는 길을 선택했다. 당시에 어렵고 불가능해 보였던 N1은 일본 유학을 다녀온 후 다시 공부해서 합격했다. 유학을 다녀와서 언어가 쉬워진 것은 아니고 공부를 더 많이 한 결과였다.

이천십칠 년 봄학기를 일본 도쿄에서 보낸 나의 하루는 놀람의 연속이었다. 일본에서 만난 친구들은 한국에서 만나고 사귀어온 친구들과는 다른 점이 많았다.

교환학생 기숙사에서 살다 보니 여러 국가의 학생들을 접하게 됐고 이들은 국적과 인종과 피부색을 비롯해 가치관과 사상, 생활 방식 등이 매우 달랐다. 내가 당연히 여긴 일들도 이들에게는 놀라운 일이었고 이들의 당연함이 나에게는 충격이었다.

매주 기회만 생기면 파티를 하며 술과 담배와 만남을 즐기던 친구들이 있었다. 기숙사 방에 신발을 신고 들어가는 모습에도 놀라고 개방적인 사고방식에도 놀라고 내가 아르바이트를 하러 갈 때 이 친구들은 매주 다양한 곳에 여행가는 모습을 보고 부의 격차를 느끼기도 했다.

그 와중에 가장 편한 친구들은 우연인지 모두 영국 출신의 아이들이었다. 다른 교환학생 중 대부분은 단순히 일본을 경험하기 위해, 어쩌면 잠깐 여행하러 온 친구들로 보였다. 하지만 영국에서 온 학생 중 다수는 조금 더 학구적인 이유로 온 것처럼 보였고 예의가 바르고 일본 문화를 비롯한 타문화에 대한 존중의 마음이 보였다. 그중 가장 가깝게 지내던 친구가 있었다. 영국 웨일즈에서 온 친구 A였다.

A는 대학에서 스페인어와 일본학을 전공했다. 스페인 유학 이후 바로 일본으로 넘어온 A는 일본에 관해 순수한 호기심이 많아 보였다. 이 친구와 교류하다 보니 자연히 일본어나 일본 문화에 대해 더 자세히 알게 되었다. 일본 친구들이 들려주는 일본의 예절이나 문화 이야기도 재밌었지만, A의 일본 이야기는 더 흥미로웠다.

어느 날 그가 일본에서는 '아니요'라는 말을 잘 하지 않는다고 알려주었을 때 나는 무척 당혹스러웠다. 그동안 편의점에서 영수증 드릴까요? 물어오는 점원에게 단호히 '아니요'라고 했던 게 무례해 보였을 수 있겠단 걸 깨닫게 되었고 다음부터 꼬박꼬박 '괜찮습니다'라고 말하게 되었다.

한국에 돌아와서도 그렇게 말하는 걸 더 좋아하게 되었다. 괜찮다는 말에는 상대를 배려하는 기운이 배어 있어서인지 말하고 나면 기분이 좋았다. 전에는 어떻게 '아뇨'

라는 말을 하고 살았는지 이제는 상상도 할 수가 없다. 일본의 문화와 함께 여러 문화가 유학 중에 흘러들어왔으나, 이 중 '아니오'를 피하게 된 문화 한 자락이 내겐 가장 자랑스럽다.

지금도 일본어를 개인 과외로 가르치고 있다 보니 항상 문화에 관한 이야기가 나오면 이 이야기를 하게 된다. 어떤 일본 교과서에는 일본의 배려를 담은 이런 이야기가 실려 있기도 하다. 상대방의 부탁이나 제안을 거절하는 일본 사람들은 "いいえ(아뇨)"라는 단호한 말보다는 곤란해하는 표정으로 "それはちょっと…(그건 좀…)"라고 답한다고. 그게 가장 단호한 거절의 의사표시라고.

유학 후 한국에 와서는 전혀 다른 일을 했다. 복학 아닌 복학을 하며 대학 공부를 따라잡고 졸업 준비를 하다가 개인 과외나 학원 강의, 기자 일도 했다. 그러다 갑자기 일본 워홀을 준비하게 된 데에는 그 영국 친구 A의 영향이 크다. 각자의 나라로 돌아간 우리는 꾸준히 연락을 이어오다가 연인이 되었다. 어떤 겨울에는 내가 영국에 갔고 봄에는 그가 한국에 와 서울에 머물면서 한국을 여행했다.

어느 날 그가 이런 말을 했다.

"일본으로 다시 갈 준비를 하고 있어."

"어떻게?"

"일본 학교에서 원어민 교사로 영어를 가르치는 일이 있어서 지원했는데 합격하게 됐어."

"나는 네가 있는 영국으로 워홀 가려고 준비하고 있었는데, 네가 일본으로 간다면 나도 일본에 갈래."

마침 이른 봄에 일본 워홀 신청을 받길래 신청했다. 일본어로 꾸역꾸역 내 이야기를 적어냈다. 계획서를 적는 일은 즐거웠다. 봄, 여름, 가을, 겨울로 구분하여 어떻게 일본에서의 삶을 균형 있게 살 것인지 적어냈다.

교환학생 시절 도쿄에서 보낸 시간들을 추억하며 봄에는 벚꽃이 피어있는 우에노 공원에 있는 스타벅스에 앉아 커피를 마시며 그림을 그릴 것이다, 여름에는 도쿄 근교인 가나가와현에 있는 즈시 해수욕장에 가서 수영을 하고 놀거나, 하라주쿠에 있는 신발 가게에 가서 신발을 살 것이다, 가을에는 단풍이 잘 핀 닛코를 구경하러 가고 겨울에는 온천에 갈 것이다, 이런 식으로 적었다.

제출하기 직전 일본인 친구 두 명에게 검사를 받았다. 한 친구는 그냥 잘했다고 칭찬해주었고 다른 친구는 더 꼼꼼하게 어색한 부분을 고쳐주었다. 도움을 많이 받게 된 친구와는 후에 일본에 도착해서도 종종 만나 놀았다. 일본 친구 사귀기는 쉽지 않은 일 중 하나였지만 친해진 이후에는 정말 친절했고 상냥하기가 대단했다.

워홀을 결심하기 한참 전, 일본 유학을 준비하면서 한국에서 다니던 대학교의 전공 교수님과 상담을 했었다. 교수님께서 내가 일본에서 다닐 대학은 철학으로 유서가 깊은 학교니, 전공과 다르더라도 철학 수업을 꼭 들어보라고 말씀해주셨다.

덕분에 철학 수업을 두 개나 듣게 되었다. 하나는 영어로 듣고 다른 하나는 일본어로 들었다. 둘 다 너무 좋았다. 발표도 해야 했는데, 사람들 앞에 서는 건 적성에 맞았지만 언어가 너무 어려웠다.

혼자 준비하며 헤맬 때마다 도와준 일본 친구들이 있었다. 일본 친구들은 한국 사람이라는 걸 알면 더 좋아해 주었다. 나도 잘 모르는 한국의 배우나 그룹들의 이름을 이야기하며, 어떤 그룹을 정말 좋아한다며, 어떤 드라마를 좋아해서 한국어를 공부하기 시작했다며, 한국으로 유학을 준비하는데 걱정된다며, 한국에 관해 이야기를 할 때 신나 보였다.

그러다 한 번은 한국어 수업을 듣는 일본 친구를 따라 강의실에 들어갔다. 친구는 교수님께 "이 친구가 한국인인데, 궁금하다고 해서 데려왔다"라고 했고, 우리는 그날 한국어로 시간을 말하는 방법을 배웠다. 강의실 한가득 일본의 젊은 학생들이 한국어로 세 시 이십칠 분… 여덟 시 오십 분… 떠듬떠듬 읽어내는 모습을 보니 기쁘기도 하고 묘한 감정이 들었다.

일본 사람들도 다양하니 백이면 백 다 다르겠지만, 이런 곳에서 한국에 관심 있고 호감 있는 사람들을 가득 만나니 그동안 내가 일본을 너무 몰랐다는 생각이 들었다.

사회인이 되어 도쿄에 적응하기

일본이라는 국가에 굳이 왜 워홀을 가냐고 사람들이 물어오던 때가 있었다. 이천십구 년 여름, 한국 사회의 분위기가 많이 호전적이었다. 정치적인 문제가 국민의 마음에 불을 지폈고 양국의 감정이 많이 악화되었다. 노재팬이라는 구호가 생겼다. 주변에서 걱정의 말들을 많이 들었다.

일본으로 출국하기 전 고등학교에 방문했을 때도 친한 선생님께서는 이 시국에 일본을 간다니 걱정이 된다며 가서 직업은 어떻게 구할 거냐고 물으셨다. 나는 벌써 몇 곳에 면접 날짜를 두어 개 잡아두었다고 말씀드리며 안심시켜드렸다.

당시 직업 후보 중의 하나는 디자인 업계였고 다른 하나는 교육 업계였다. 대학에서 한국어 문학을 전공하고 강사로 일해온 경력을 생각해보면 교육업계로 가는 것이 더 나은 선택 같았지만, 쉽게 마음이 정해지지 않았다.

학교 선생님께서는 무조건 강사를 하라며 웬만하면 강의하는 쪽으로 가라고 조언해주셨다. 디자인은 내가 전공한 분야도 아니거니와 호기심으로 시작했다가 이도 저도 안 될 수도 있다며 걱정을 해 주셨다. 늘 그림에 대해선 이렇게 미련이 남는 선택을 한다. 예술을 하는 사람들을 존경하지만, 나는 예술가는 아닌 모양이다. 그냥 만화를 그리는 게 좋았던 것 같다.

선생님 말씀대로 8월 말, 일본에 도착하자마자 신주쿠에 있는 한 학원에 가서 면접을 보고 9월 초부터 강의를 시작하게 되었다. 한국 아이들에게 국어를 가르치는 일이었다. 도착한 날로부터 약 1주일이 채 안 지나 일을 시작하게 되었다. 한국에 있는 가족과 친구들은 안심을 표해주었고 나 역시 안도했다.

출근 전 한 주간의 휴식을 어떻게 보낼까 하다 며칠은 남자친구 A가 사는 동네에서 재회 겸 시간을 보내고 또 며칠은 이케부쿠로에 마련한 조그만 집에 앉아 물건들을 정리하고 커튼을 달고 필요한 가구를 준비하며 시간을 보냈다.

일본 집에는 보통 처음 들어가면 새하얗게 아무것도 없이 텅 비어있다. 냉장고와 세탁기도 없으나 에어컨은 있었으니 다행이다. 그 작은 공간에 하나둘 내 짐을 펼쳐놓으니 나의 공간이 생긴 기분이 들어 행복하고 안심되었다. 그렇게 나만의 공간을 만든다는 사실이 얼마나 설레고 두근거리는 일이던지. 지금 생각하면 용기 있고 대단한 선택이었다.

지금도 영국으로 워홀을 온 상태지만 나만의 공간이라 하기에는 어려운 곳에 살고 있다. 내가 가진 공간은 온라인 강의를 위한 조그마한 방뿐이고 거실과 부엌, 화장실 등은 모두 이곳 사람들과 공유하고 있기에 한국에서 가족과 지낼 때의 감각과 다르지 않다. 그렇기에 더욱 일본에서 혼자일 때의 그 감각이 그리운지도 모르겠다.

어른이 되어 가족과 떨어져 독립했을 때는 쓸쓸함은 있으나 혼자로서 완전해지는 기분도 나쁘지 않았다. 내가 살던 곳은 신축 맨션이면서도 비정상적으로 비싸지는 않았고 살기에 편했다. 역까지의 거리가 애매하다는 단점을 제외하면 말이다.

처음에는 이케부쿠로역까지 자전거를 타고 다닐까 했지만 자전거 주차장 이용요금도 만만찮았다. 이케부쿠로역과는 걸어서 15분 정도 거리에 있지만, 걷기에 적합한 가장 가까운 역은 5분 거리의 토부토죠 라인의 기타이케부쿠로역이었다. 때문에 항상 출근길에 이케부쿠로역까지 갔다가 신주쿠에서 갈아타는 일이 더 힘들었다.

가장 사람이 많다고 알려진 신주쿠에서 매번 내렸다가

다른 노선으로 갈아타야 했고 갈아탈 때마다 수많은 사람들과 이리 부딪히고 저리 부딪히며 인류애가 사라짐을 느끼며 일본에 와 있는 사실이 저주스러울 때도 있었다. 하물며 도쿄다 보니 또 신주쿠다 보니 사람들의 행렬은 끊일 줄을 몰랐다.

출근길이 지옥 같았다는 이야기를 하면 보통 도쿄를 경험한 사람은 공감해주고 이해해주는 눈치지만, 남자친구처럼 운 좋게 도쿄를 벗어나 바닷가 한적한 마을의 초등학교에서 근무하면서 걸어서 출근한 사람일 경우, 내가 도쿄 지하철의 악덕함에 대해 논할 때마다 그래도 뭐, 그 정도는 아니지 않나 하는 눈치를 보이며 이야기에 백 퍼센트 공감하지 못하기에 답답할 뿐이다.

역무원이 전차 칸에 사람들을 욱여넣는 장관을 봤어야 했다. 사람들 틈에 끼어서 숨도 제대로 못 쉬고 문이 열리고 닫히고의 횟수만을 세다가 이쯤 되면 내 차례다 싶을 때 "스미마셍, 토오리마스(죄송합니다, 지나갈게요)"를 외치며 내리고를 반복했는데 말이다.

만약 도쿄로 워홀 가겠다는 사람을 만나게 된다면 집

을 구할 때 직장에서 먼 곳은 절대 구하지 말라는 이야기를 해주고 싶다. 직장을 먼저 구하고 집을 구하거나, 하다못해 집을 구하고 나서 직장을 가까운 데로 구하거나 하는 것이 여러모로 정신건강과 인류애적으로도 좋다.

내 마음속에서는 출근길에 벌써 여러 사람과 갈등이 일어나고 폭력 사건에 휘말렸지만 마음과 생각이 다행히 뇌를 지배하지 못했기에 그런 일은 일어나지 않았으니 다행이다.

한 번은 신주쿠에서 내려 다른 노선으로 갈아타려는 길에, 한 행인이 뿜은 음료수에 입고 있던 치마가 흠뻑 젖은 적이 있었다. 굉장히 모욕적이고 창피하면서도 부끄러움보다는 분노가 치밀어 상대를 보니, 일본인 아저씨였다.

나를 눈치채지도 못한 채 괜한 다른 사람에게 미안하다고 연신 꾸벅이며 인사하고 있는 것을 보고 나도 피해자인데, 저 사람보다 내가 더 많이 젖었는데 사과하라고 말할까? 생각하는 찰나, 아침 출근길의 무한 증식한 사람들의 행렬이 나를 이미 저 멀리 아저씨로부터 먼 곳으로 이동시켜 나는 오도 가도 못한 채 에스컬레이터 위까지 운반되어 결국 아무 말 못 하고 출근을 계속하게 되었다.

그야 일본인 아저씨가 사방에 물을 갑자기 뿜게 된 데에 악의야 없었겠지만, 나 역시 순수히 피해를 보았기에 화가 났던 것이다. 하지만 외국에서 외국인이 그 나라 국민을 상대로 시비를 걸면 유리할 일이 없으니 피하는 것이 상책이기는 했다.

일본의 지하철에 대해서는 좋은 점도 많다. 도쿄의 모든 곳은 지하철로 갈 수 있다. 환승할 때마다 멀어지는 거리마다 가격이 오르긴 하지만 좋은 점은 확실하다.

게다가 내가 발견한 가장 좋은 점은 일본의 지하철 문에는 아이들에게도 문이 열리는 걸 조심하라는 주의를 잘해놓았다는 것이다. 아이들의 눈높이에 맞춰 문마다 스티커가 붙어 있다. 아이들을 존중한다는 느낌을 받았다. 다만 지하철 칸 곳곳에 광고전단이 많이 붙어있어서 사실 다른 어디에도 눈 둘 곳이 없다. 대부분 스마트폰을 하거나 신문이나 책을 읽는다.

나는 사람 구경을 좋아해서 코로나 전까지는 사람들을 구경했다. 지하철만큼 다양한 사람들을 볼 수 있는 곳도 없지 않을까 싶은데, 서로에 대해 신경도 안 쓰고 자기 할 일을 한다. 가끔은 그런 모습이 냉정해 보이기도 하지만 더러 편하기도 하다.

일본 사람들은 지나가다가 부딪히고 나서는 반드시 사과를 하고 부딪히지 않아도 근처의 공기만 스쳐도 사과를 한다. '스미마셍'을 입에 장전해두고 하루에 100번은 말해야 살아남는 사람들처럼 말이다. 이렇듯 '죄송합니다'를 입에 붙이게 된 것만큼은 자랑스럽지 않았다. 한국에 와서는 내가 죄송하다고 말하는 만큼 불리했기 때문이다.

한국에서 대학 동기를 만나 이야기를 하다가, 그가 "한국에서는 죄송하다는 말을 최대한 하지 말아야 해. 사과를 한 순간 잘못은 전적으로 내 책임이 되기에, 책임질 수 없다면 죄송하다는 말을 최대한 보류해야 한다"라고 알려주었을 때, 한국과 일본의 정서는 매우 다르다고 느꼈다.

상대방이 기분 나쁠 것 같으면 미안하다고 살살 달래는 느낌의 일본 사과와는 다르게, 한국의 사과는 문제의 해결까지 담보하는 말인 듯했다. 어찌 되었든 일본에 사는 동안은 사과를 많이 하고 살았다.

이케부쿠로에 정착하고 살아가면서 근처 편의점과 슈퍼마켓을 한 군데씩 골고루 다녀보았다. 매일 쇼핑을 하고 장바구니에 담아 집에 돌아오던 중, 집 앞 우편함의 존재를 늦게나마 발견했다. 세상 물정에 좀 어두웠던 나머지 내게 날아온 고지서도 못 받아볼 뻔했다.

일본의 아날로그 사랑은 유명한 이야기이다. 카드보다 현금을 좋아하고 번호키가 아닌 열쇠를 애용하고 심지어 내가 살던 맨션의 우편함은 다이얼을 돌리는 방식으로 작동이 되었다. 미스테리한 암호 같은 오른쪽52왼쪽32 이런 식의 문자를 우편함 비밀번호라고 전달받고 나니 어리둥절했다. 늦게 발견한 우편함의 늦게 확인한 암호에 두뇌가 지끈거렸다.

그러던 어느 날 이대로는 고지서 결제도 못하고 연체되겠다 싶어서 우편함을 열기로 했다. 인터넷을 뒤져보다가 우연히 나와 같은 사람이 올린 글을 발견했다. 장을 보고 돌아오는 길이었던 나는 한쪽 팔에는 장바구니를 걸어 놓은 채 그 손으로는 핸드폰 화면을 보면서 오른손으로는 몇 번이고 다이얼을 돌려보았다.

‘오른쪽5’의 의미는 오른쪽 시계방향으로 5에 맞추는 것이었다. 그동안 나는 오른쪽으로 다섯 번 돌려왔는데. 암호를 해독하고 나자 어느 순간 우편함이 열리고 내 발에는 전단과 고지서 등이 우수수 떨어졌다. 드디어 우편함을 열었다.

안도의 한숨을 내쉬는데 뒤에서 한 이웃 주민이 존재감 없이 지나갔다. 맨션에 살면서 가끔 주변 사람들과 인사를 하게 될 때가 있다. 코로나 전에는 마스크도 쓰지 않고 서로 얼굴 보는 것도 그렇게 위험한 일은 아니었으니 얼굴을 보면 웃으며 인사하곤 했는데 코로나 이후에는 누군가를 마주쳐도 급하게 거리를 두고 떨어지는 것에만 신경 쓰느라 아무런 소통도 할 수 없었다. 그런 점은 돌이켜보면 참 아쉽다.

땀내나는 도쿄의 여름

도쿄의 여름은 기분 나쁘도록 더웠다. 햇볕은 뜨겁게 내리쬐고 공기는 습하고 숨만 쉬어도 땀이 흘렀다. 에어컨이 없었다면 살아남지 못했을 것이다. 나름 절약하겠다고 에어컨을 덜 켜보려고도 했으나, 집에 오면 버틸 수 없이 자동으로 에어컨 리모컨에 손이 갔다.

그러던 내게 마침내 고지서가 날아왔다. 전기사용료와 가스비는 각각 다른 고지서로 날아왔다. 여름에는 에어컨을 많이 사용했기에 전기요금이 높았고 겨울에는 따뜻한 물로 많이 목욕해서인지 가스비가 더 많이 나왔다.

여름이 이렇게 덥다 보니 일본에서는 가는 곳마다 에어컨이 빵빵하게 틀어져 있었는데 유독 편의점과 백화점이 그랬다. 자동문을 통해 안으로 들어가자마자 춥다는 말이 절로 나올 정도로 에어컨 바람이 차게 틀어져 있었다. 쇼핑하고 밖에 나오면 다시 후끈한 공기가 온몸을 감싸고 순식간에 불쾌해진다. 일본을 그리워하면서도 일본의 더위만큼은 그리울 수가 없다.

무더위 속에 일본에 살게 된 지 한 달이 지났을까, 월급날이 되었다. 월급을 현금으로 받는 것보다는 은행을 통해 이체받는 것이 편리할 듯했다. 자전거를 타고 가장 가까운 번화가인 이케부쿠로역 근처에 갔다.

빨간색 간판의 은행에 들어가니 중년의 직원이 친절한

말투로 나를 맞이해주며 무엇 때문에 왔는지를 물었다. 은행 계좌를 만들러 왔다고 대답하자 대기 번호가 나오는 기계에서 번호를 뽑아 내게 주고 이와 함께 빈칸이 뚫린 종이를 내밀며 작성해달라고 부탁했다. 작성을 마치고 차례를 기다리다 번호가 울리자마자 창구로 걸어갔다.

하지만 창구에서는 내가 일본에 온 지 얼마 되지 않은 외국인이기 때문에 계좌를 만들어줄 수가 없다고 했다. 일본 내에서 최소 6개월 이상 거주해야 계좌를 만들어줄 수 있으니 그 후에 오라고 했다. 그의 대응이 냉정하고 싸늘해 보였다. 더 물어보고자 하는데 갑자기 입이 얼어붙은 듯 말이 나오지 않았다. 이런 경험은 처음이었다.

유학도 했겠다, 일본어 과외도 수년 해왔다. 일본어를 공부한 세월만 십 년이 넘는데 일본말을 못하지는 않는데, 들어주는 상대의 태도가 딱딱하니 처음으로 긴장을 했는지 일본말을 하면서 입술이 바짝 마르고 말을 더듬거렸다. 순간 얼굴이 뜨겁게 달아오른 게 느껴졌고 알겠다는 대답을 하며 황급히 집에 돌아왔다.

집에 돌아와 곰곰이 생각해보니 재작년 도쿄에서 유학

한 기간과 현재까지의 체류 기간을 합치면 6개월이 넘겠다는 생각이 들었다. 포기를 모르고 다시 한번 은행에 방문한 나는 지난 체류 자격증과 현 체류 자격증 두 개를 동시에 보여줬다. 그러자 은행 직원은 "확인해보겠다"는 말과 함께 여기저기 물어보더니 결국 돌아와 "은행 계좌를 열 수 있다"라는 답을 주었다.

근무하고 있는 학원에도 전화해서 신원을 확인받는 등 절차는 까다로웠지만 다행히 계좌가 열리게 되어 안심하던 찰나, 카드의 최종 발급은 일주일 후라는 청천벽력과 같은 소리를 듣게 된다. '아, 여긴 한국이 아니구나'하고 얼른 깨닫고 집으로 배송하는 방식과 방문 중 무엇을 선택하겠냐는 질문에 조금 더 빠르겠지 싶은 은행 방문을 선택했다. 후에 은행에서 연락이 왔다. 데빗카드, 캐쉬카드, 신용카드 세 개의 카드가 모두 발급되었다고 찾으러 오란다. 반가운 마음에 출근 시간보다 이르게 은행에 곧장 달려갔다.

카드를 받으며 안내를 들었다. 안내해주는 분은 신참 직원으로 보였는데, 옆에서 계속 감시인 듯 교육인 듯 서서 지켜보는 고참 직원이 있어서 나까지 더욱 긴장되었다. 하나하나 비밀번호를 입력한 후에 마지막 절차를 마무리하고 서로 공손히 인사한 후에 은행을 나서서 바로 출근하러 갔다. 이케부쿠로역에서 지하철을 타고 신주쿠역으로 가서 신주쿠역에서 다른 노선으로 가기 위해 환승을 하는 그 복잡한 출근의 여정 속에서도 지갑에 든 카드들을 생각하며 신이 났다.

그런데 갑자기 모르는 번호로 전화가 왔다. 상대는 바로 그 신입으로 보이던 은행직원이었다. 대뜸 죄송하다는 사과를 하며, "데빗카드(체크카드)에 안심번호(비밀번호)를 입력하는 걸 잊어서 다시 와줄 수 있겠냐"는 질문을 했다. 가야지요. 다만 당장은 출근길이기에 무리고 내일 아침에 가겠다고 말했다.

도대체 은행 계좌 하나 열기가 이렇게까지 어려울 수 있는 건지, 외국인이라서 어려운 것 반, 일본 자체의 시스템이 매우 고정적이고 유동적이지 않아서 조금 낯설었던 것 반이었던 것 같다. 더욱이 낯선 타지에서 홀로서기는 처음이라 더 어렵게 느껴졌을 수도 있겠다.

이렇게 힘들게 얻었기 때문인지 나중에 한국으로 귀국할 때에도 차마 은행 계좌를 해지하기가 힘들었다. 적당한 여윳돈을 넣어두고 또 일본에 가게 될 날이 있을지 모르니 사용할 수 있도록 유지한 채 한국으로 돌아왔다. 현재도 그 선택에 후회는 없고 세 개의 카드들은 마치 기념품처럼 더운 여름날의 기억과 함께 지갑 속에 남아있다.

일본은 9월까지도 덥다. 정확히 기억하는 이유는 9월에 내 생일이 있기 때문이다. 한국에서는 구월이면 보통 날씨가 선선하고 은근히 춥기도 하다. 일본에서는 여전히 더웠고 밤이 되면 선선한 정도였다. 내가 일하던 학원은 보통 학기 중에는 낮부터 밤까지 일하기 때문에 낮의 출근길에는 시원하게 입고 저녁 퇴근길에는 따뜻하게 입었다.

생일은 월요일이었고 주말에는 남자친구 A가 도쿄에 와줘서 같이 시간을 보낼 수 있었다. 신주쿠나 이케부쿠로를 걸어 다니며 놀았다. 포켓몬을 좋아하는 둘의 니즈를 반영해 이케부쿠로 선샤인시티에 있는 포켓몬시티를 찾아 들어가 구경도 했다.

포켓몬 천국 같은 아름다운 곳인 한편, 가격은 착하지 않았기에 눈으로만 즐긴 후에 다 봤다며 나가려던 찰나, 로맨티시스트인 A가 보너스 생일선물이라며 대뜸 피카츄 스마트폰 케이스를 사주어서 꽤 놀랍고 고마웠다.

코코이찌방야는 카레를 사랑하는 내가 도쿄 유학 시절 아르바이트를 하기도 하고 한국에서도 자주 찾는 일본 카레 음식점이다. 체인점이라 런던에도 하나 있어서 영국에서도 찾아가 먹은 적이 있다.

일본식 카레를 정말 사랑해서 일본 고등학생들이 맥도날드 가듯이 찾았던 식당이었다. 아르바이트를 했을 때도 직원에 대한 대우가 정말 좋았고 깨끗하기도 하거니와 시스템이 체계적이고 좋았던 기억이 나서 이후에도 줄곧 신뢰를 가지고 방문하고 있다.

생일 아침에도 어김없이 집 근처 코코이찌방야를 찾아서 늦은 아침 겸 점심으로 A와 카레를 먹었다.

A도 카레를 좋아하고 가끔은 나보다 더 좋아하기 때문에 이 부분에 대해 갈등이 전혀 없어 다행이기도 했다. 코코이찌방야에서 카레를 먹을 때에는 매운맛을 정해줘야 하는데 보통은 4단계에서 5단계를 먹는다. 아르바이트를

했을 때에는 10단계도 먹어보았으나 정말 입안이 얼얼할 정도로 맵고 고통스러웠기 때문에 그 정도까지는 다신 안 가고 거의 5단계의 매움에서도 만족하고 스트레스가 풀리는 경험을 하곤 한다.

토핑으로 추가하는 건 치킨까스나 야채인데 가끔 사치를 부리고 싶을 때는 둘 다 추가해서 배불리 먹는다. 이것이 나의 코코이찌방야 철학이다.

코코이찌방야에 대한 이야기를 시작하면 끝이 없으니 여기서 마무리하도록 하고 생일날 아침 식사를 마치고 남자친구는 월요일 연차를 썼기 때문에 자유로웠으나 나는 출근을 해야 했기에 각자의 길을 갔는데, 학원에 도착해서 교무실에서 다른 선생님들과 이야기하다 보니 한 영어 선생님의 생일과 내 생일이 똑같다는 것을 알게 되었다.

덕분에 그분의 생일파티에 내가 끼게 되어 같이 축하를 받게 되었다. 생각해보면 신기한 우연이었고 이 일을 계기로 다른 여러 선생님과도 더 친해질 기회가 생겨서 고마웠다.

선선한 도쿄의 가을

10월에는 할로윈데이가 있었다. 이쯤 되면 정말 선선하고 시원하고 딱 살기 좋은 날씨인데 그것이 그리 오래가지는 않는다. 금방 추워지니까. 어쨌든 시월의 할로윈데이를 맞아 시부야에서 분장하고 놀기로 하고 동료 선생님들과 같이 계획을 세웠다. 해리포터의 슬리데린 의상을 구매해서 짙은 분장을 하고 준비를 마쳤다. 당일에는 시부야 거리를 걸으며 형형색색 많은 사람의 다양한 장르 분장을 보고 놀라고 재밌고 신기해했다.

술이 약한 편이라 술집에서 마시는 맥주에도 금방 기운이 빠지곤 하는데, 술에 취할수록 텐션이 낮아지는 스타일인 나는 운이 나쁘게도 점점 몸이 안 좋아져서 다른 분들보다 일찍 귀가해야 했다.

집에 가는 길에는 파도처럼 사람들의 물결에 휩싸였고 나와 같은 방향으로 일찍 귀가한 다른 일행 한 명과 팔짱을 낀 채 비장한 각오로 시부야 거리의 사람 무리를 헤쳐 지나갔다.

나와 비슷한 노선을 타고 가던 그 언니는 횡단보도를 지나던 길에 갑자기 구두가 벗겨진 걸 눈치채고 "구두 한 짝이 없어졌어!"하고 소리쳤다. 발을 내려다보니 과연 한 발이 맨발이었다.

주변 사람들에게 일본어로 "여기 구두 하나를 잃어버렸어요. 잠시만요! 기다려주세요!"하고 외쳐보았다. 그러자 일제히 그 많은 사람들이 바닥을 살피며 "구두가 없어졌대!" "구두?" 웅성거리며 고개를 숙여 구두를 찾아주었다.

1분도 채 안 지나 한쪽에서 "구두 여기 있다!" "찾았다!"라는 소리가 들리며 구두를 번쩍 든 외국인이 보였다. 꽤 먼 곳까지 구두가 날아간 모양이었다. 한 명 한 명 전달받아 무사히 언니에게까지 구두가 도착했다.

사람이 빽빽이 밀집된 불쾌한 교차로의 행렬에서 모두가 저 갈 길 가려고 안간힘 쓰던 상태에서, 누군가의 잃어버린 구두를 찾기 위해 모두가 멈춰 고개 숙여 찾아줘서 대단하고 고마웠다.

언니는 구두를 건네받자마자 머쓱하게 웃는 표정으로 "감사합니다" 이야기하며 "빨리 가자"라고 도망치듯 후다닥 나왔다.

지금은 바이러스 상황 때문에 할로윈데이 같은 이벤트가 당시 같지 못하겠다. 그리고 2달 후에 코로나가 터졌을 때 시부야를 비롯해 사람들이 밀집되는 도쿄의 곳곳은 분위기가 무척 우울해졌다.

그러기 전 한국에서 친구들이 일본에 찾아왔었다. 대학교 후배 한 명과 고등학교 동창 한 명이 각각 다른 시기에 와서 우리 집에 묵고 갔다. 사흘 정도 보낸 것 같은데 기억 속에는 길게 남아있다.

당시의 추억이 소중해서 많이 되새긴 까닭일까. 한국에서 누군가가 나를 보러 일본에 와 준다는 게 그렇게 고맙고 힘이 되고 든든했다. 게다가 후배 S는 내가 일 가고 없는 사이에 디즈니랜드에 혼자 놀러 가는 등 보람찬 일본 여행을 즐겼던 것으로 보아 나만을 보러 온 것은 아니었기에 더욱 안심되었다.

일이 끝나고 나면 늘 늦은 저녁이었으므로 밤마다 우리는 하라주쿠나 오모테산도에 있는 유명하고 볼 게 많다는 거리를 걸었다. 일본에 와서도 여행객으로 지내기보다는 일꾼으로 보내온 세월이 길게 느껴져 다른 워홀러들처럼 즐겁게 보내지는 못한 것이 아쉬웠는데, 이들의 방문이 나에게는 여행의 기회가 되었다.

11월, 쌀쌀한 가을의 몇 날을 후배 S와 함께 보냈다. S가 여행 준비를 꼼꼼하게 해둔 덕분에 나는 들어본 적도 없던 관광 명소에 갈 수 있었다. 모리타워에 올라가면 도쿄타워를 볼 수 있는 전망 좋은 카페가 있다던 S의 말에 높은 빌딩에 올라가 도쿄 전역의 야경이 아름답게 펼쳐진 전망대에도 갔다. 도쿄타워가 주황색 불빛을 뽐내며 우뚝 솟아있었다.

유학생이었던 날, 도쿄타워에 혼자 가본 적이 있다. 주변에는 커플들로 가득했는데, 나만 홀로 온 관광객이었다. 당시에는 아랑곳하지 않고 구경을 즐겼지만, 다른 친구와 함께 왔으면 더 좋았을 걸 하는 생각을 해보기도 했었는데, 이리 다른 방법으로 비슷한 높이에서 도쿄타워를 다른 각도로 보게 되니 감회가 새로웠다.

일본, 특히 도쿄에는 곳곳에 높은 빌딩들이 많다. 고등학교 친구 J가 온 날에는 도쿄에서 가장 높다는 스카이트리에도 갔었다. J는 나보다 일 년 먼저 일본 워홀을 다녀온 친구였기에 여행 정보와 일본 지리에도 훤해서 동행하는 내내 든든했다. 스카이트리에서 보는 도쿄의 야경은 모리 타워와는 또 다르게 아름다웠다. 다만 관광객으로 북적인 데다 정신이 없는 통에 그만 핸드폰을 잃어버리고 말았다.

집에 도착해서야 핸드폰을 잃어버린 걸 발견하고 행적을 밟다가 스카이트리에 연락을 해보게 되었다.

"어제 스카이트리에서 핸드폰을 잃어버려서요."

"잃어버린 물건인가요? 어떻게 생겼나요?"

"기종은 아이폰이고 케이스는 분홍색 배경에 디즈니의 도널드 덕이 그려져 있어요."

"아, 저희가 발견한 것 같습니다. 그런데 혹시 키링이 달려있지는 않은가요?"

"맞아요! 코비가 있어요."

"네 맞습니다. 그러면 가능한 날에 방문하여 찾으러 와주세요."

"네, 감사합니다!"

본인의 핸드폰임을 증명받으려고 이런 식의 퀴즈를 진행하는 게 우습기도 하고 철저하다 느껴지기도 했다.

스카이트리에 다시 방문한 날, 안내 센터에 찾아가 잃어버린 핸드폰을 찾으러 왔다고 전하니 직원이 보안실로 안내해주었다.

보안실 안은 바쁘고 비밀스러운 분위기에 여러 컴퓨터 모니터에는 CCTV가 틀어져 있었다. 직원들이 차갑고 사무적인 태도로 서랍을 뒤지고 있었고 나는 어쩔 줄 몰라 경직되어 서 있었다.

분홍색 케이스의 핸드폰을 보여주며 이게 맞냐 물을 때 나는 맞다며 반갑게 받아들고 비밀번호를 눌러 핸드폰을 켰다. 핸드폰이 정상적으로 열리자, 직원이 안심한 듯 미소지으며 "찾게 되어서 다행이네요"라고 말해주었고 그제야 나도 분위기가 풀린 것을 느끼고 고맙다고 말하고 다시 밖으로 안내받으며 나왔다.

밖에 나오자 갑자기 현실 세상에 돌아온 기분이 들었고 핸드폰 케이스 안에 있던 스이카(교통카드)도 찾게 되어 집으로 돌아올 때는 교통카드에 충전해 둔 정기권으로 이동할 수 있게 되었다.

일본의 교통비는 꽤 비싸기에 정기권으로 늘 가는 구간

의 요금을 조금 할인된 금액으로 미리 결제한다. 다행히 직장에서 교통비를 지원해주어서 그 구간에서 이동하는 것은 자유로웠으나, 잃어버린 날 동안 새로 스이카를 구매해서 충전한 후에 결제해야 했을 때는 꽤 아깝다는 생각이 들었다.

정기권이 있어 좋았지만, 웬만하면 정기권으로 이동 가능한 구간 밖으로 나가지 않으려고 노력했던 것이 지금 생각하면 조금 아쉽기도 하다.

스카이트리에서의 기억이 휴대폰 소동으로 난리였다면 시부야 스크램블 스퀘어에서의 추억은 온통 좋았다. 시부야에서 가장 높은 빌딩으로 완공된 지 얼마 되지 않은 신축 상업 단지였다. 혼자 도쿄에서 일하며 보낼 때는 그런 곳이 생겼다더라 하는 소리만 듣고 관심도 없었는데, 친구 J가 가자고 하니 호기심이 생겼다.

시부야는 좋은 곳이긴 하지만, 사람이 복잡하게 많은 것을 할로윈데이에 경험한 데다, 더욱이 교통카드 정기권의 혜택을 일절 받을 수 없기에 특별한 날이 아니면 잘 가지 않았던 곳이다. 신주쿠에서 이케부쿠로, 이케부쿠로에서 스카이트리가 있는 아사쿠사 쪽까지가 나의 주요 행선지였다. 그러니 시부야는 갈 때마다 새롭고 낯설었다.

한 때 직장 동료들끼리 시부야에 있는 애플스토어에 가기도 했다. 아이폰을 살까 해서 줄을 서다가 줄이 끝이 없어 중간에 포기하고 나와 공차나 사 먹고 말았었다. 한국에서는 꽤 당연하게 즐겼던 공차도 일본에서 보면 너무 반갑고 귀했다. 시부야에서 하라주쿠까지 걸어간 적도 있다. 나는 하라주쿠나 오모테산도의 밝은 분위기가 시부야보다 더 좋았다.

J의 바람이기도 했던 시부야 스크램블 스퀘어의 꼭대기에 올라가 전망대에 가니 왜 다들 도쿄를 좋아하는지 알 것 같았다. 도쿄에는 오래된 것들과 새로운 건물들이 조화롭게 공존해 있다.

어떤 사람들은 오래되고 유서 깊은 라멘집을 좋아할지 모른다. 나도 신주쿠에 있는 오래되고 낡은 덮밥집을 사랑한다. 동시에 새롭고 높은 건물들이 번쩍이며 부와 전광판을 뽐내는 모습도 영 어설프지 않고 잘 어울린다는 점이 대단할 뿐이다.

높은 건물에 올라가려니 엘리베이터 안 또한 화려했다. 남산 서울타워에 갔을 때도 엘리베이터의 모든 화면이 컴퓨터 그래픽이었을 때 조금 놀랐었다. 시부야 스크램블 스퀘어도 그랬다. 올라가는 내내 빠른 속도로 올라가는 기분도 들지 않았고 그저 눈앞의 화면이 화려하고 귀가 먹먹할 뿐이었다.

보안을 위해 짐과 가방을 벗어두고 휴대폰만 들고 전망대 위로 올라갔다. 잔디밭에 여러 조명이 잘 어우러져 퍽 괜찮은 공간 같았다. 바깥에 온통 보이는 시부야 거리의 야경을 비롯해 멀리 스카이트리와 도쿄타워도 보이는 듯했다. 일본, 도쿄는 정말 볼거리가 많구나. 어딜 가도 심심하게 해놓지는 않았구나 싶어 놀랍기는 했다.

도쿄의 면적은 얼마나 클까? 서울과 비교하면 어떨까? 인천에서 태어나 인천의 곳곳은 자주 다녀봤으나 서울에는 작심하지 않고서야 잘 가지 않았다. 가끔 외국인 친구가 오면 가거나 서울에 사는 친구를 보러 갈 뿐이었다. 그러니 서울보다 도쿄가 더 익숙한 것도 무리는 아니었다.

도쿄가 익숙하다고 하지만, 유명한 관광지나 맛집에 대

해선 잘 몰랐고 놀러 갈 때마다 늘 가는 곳은 똑같았다. 유명한 카페는 아니었지만 내겐 친숙한 가게 사장님이 있어서 좋았던 커피숍, 누구나 다 아는 맛집은 아니었지만 편안한 느낌이 드는 식당을 찾게 됐다. 그러다 보니 가는 곳은 늘 비슷했는데, 후배 S의 말로는 그런 장소가 오히려 현지인, 로컬의 냄새가 풍기는 곳이라며 여행지로 더 끌린다고 해줘서 고마웠다.

코로나가 오기 직전, 일본 겨울 여행

여행지에 문외한인 점은 아쉬우나 다행히도 주변 사람들의 도움을 받아 이리저리 끌려다녔다. 유학 중에 간 닛코 역시 어떤 곳인지도 모른 채 주변 친구들이 간다고 하길래 따라간 곳이었다. 나중에 지하철역이나 관광지를 홍보하는 전광판에서 가을 단풍이 화려하게 핀 닛코의 풍경을 볼 때면 그때 따라가길 참 잘했지 싶었다.

남자친구인 A도 일본의 명소에 대해 잘 알았다. 대학에서 일본학을 전공했으니 그럴 만도 하지만 무엇보다 일본에 관심이 많기 때문인 듯하다. 그런 A와의 겨울 여행으로는 하코네가 당첨되었다.

A가 언급하기 전까지는 하코네에 관해 들어본 적도 없었다. 온천이 좋다든지 하는 이야기를 듣게 된 건 나중 일이었다. 일본에 오래 산 한국 학생들에게 하코네에 간다고 말하니 대부분이 "와, 선생님 온천 가세요? 좋겠다." 하는 반응을 보였기에 온천이 좋은가보다 기대하며 하코네에 갔다.

하코네에는 온천보다 더 재미있는 광경들이 많았다. 하코네 신사와 해적선, 그리고 로프웨이를 타고 올라가 오와쿠다니에 내려 화산의 흔적을 볼 수도 있었다. 오와쿠다니는 하코네 화산 폭발로 형성된 폭발 화구의 흔적으로 지금도 100℃ 정도의 유황 가스와 수증기를 분출하고 있다고 한다.

연기가 자욱한 공간이라 호흡이나 기관지에 무리가 있는 사람들은 삼가야 할 곳이었는데, A는 천식이 있어서 계속 숨을 잘 못 쉬고 기침을 하며 힘들어했다.

그냥 돌아가면 될걸, 화산에 호기심이 왕성했던 그는 계속 근처에 가서 구경하고 사진을 찍었다. 걱정이 되어 돌아가자고 달래어 겨우 다시 로프웨이를 타고 다른 곳으로 이동했다. 급하게 떠난 장소였지만 화산을 실제로 본 건 처음이라 신기하고 근사한 경험으로 남아있다.

한국과 일본은 이웃 나라기에 일본에서 한국 음식 구하기는 어렵지 않다. 그냥 신오쿠보라는 한인타운에 가면 된다. 하지만 영국 음식을 먹는 방법은 그렇게 많지 않다. 영국인인 A는 일본에 있는 동안은 영국에서와 같은 식사를 절대 할 수 없었다. 그러던 중 크리스마스가 찾아왔다.

오랫동안 기독교 국가이던 영국인에게 크리스마스는 가장 중요한 날이다. 보통은 크리스마스 디너라고 하는 칠면조 요리가 메인인 식사를 한다. A는 크리스마스 전부터 미리 검색하더니 롯폰기에 있는 브리티시 펍을 발견했다며 신이 났다. 나도 굳이 반대할 이유가 없었다.

크리스마스 당일 아침에는 작은 크리스마스트리 아래 놓아둔 서로의 선물 포장지를 뜯고 선물 상자를 열었다. 각자 선물을 감사히 받아 챙기고 아침 일찍 외출한 곳은 롯폰기의 그 펍이었다. 이름은 고블린이었는데, 거기 온 사람들은 온통 영국인인듯했다. 최소한 아시아인은 나까지 포함해도 손에 꼽았다.

서빙하는 직원들도 모두 영어를 사용했다. 우리는 일본에서는 영어보다 일본어를 사용하고 싶었기에 일본어로 대답하니 그쪽도 일본어로 응대해주었다.

거대한 크리스마스트리 옆에 서서 사진을 찍기도 하고 디저트로 나온 케이크와 커피를 마시면서 텔레비전을 보기도 했다. 마치 영국에 온 것 같은 기분이 드는 장소였다. A는 추억과 향수에 젖어서 한참 행복해했다. 나 역시 이국적인 장소가 싫지 않았다.

도쿄의 마지막 봄

봄이 왔을 때 도쿄에는 벚꽃이 만개하여 거리는 아름다웠으나 사람들은 마스크를 쓰고 다녔다. 벚꽃놀이를 하는 몰상식한 행동이 뉴스에 나오며 손가락질을 받는 세상이었다. 바이러스가 온 도시를 어둡게 뒤덮은 시기에 나는 여전히 출근하기 위해 지하철에 몸을 실었다.

이케부쿠로역보다 사람이 적은 노선을 찾아서 30분을 걸어 스가모역으로 갔다. 스가모역에서 미타선을 타고 가스가에 가서 오에도선으로 갈아타서 출근했다. 더 번거로웠지만 이케부쿠로와 신주쿠를 거쳐 출근하는 것보다는 덜 복잡했고 바이러스로부터 더 안전한 듯했다.

출근하면 학원에서 학생들에게 수업을 하고 시험을 앞두고 시험 대비 강의를 했다. 봄이 다가오면서 날은 따스해졌고 옷은 가벼워졌지만 코로나바이러스라는 상황이 나와 학생들 모두를 힘들게 했다.

학원으로부터 먼 곳에서 오는 학생들의 경우 줌(Zoom) 강의로 방식을 바꾸어야 했고 가까운 곳에 사는 학생들도 학원에 도착하면 반드시 손을 씻고 마스크를 쓰고 수업을 했다. 당시만 해도 일본은 경각심이 덜할 때였고 도쿄 올림픽을 하냐 마냐에 대한 이야기를 하고 있었다.

그러던 중 아베 총리가 전국 학교에 휴교를 요청하고 내가 가르치는 학생들의 학교도 수업과 시험이 모두 중단되었다. 덕분에 열심히 준비했던 시험공부는 허사가 된 듯했다. 상황은 갈수록 심각해졌고 타지에서 고국에 계신 부모님의 신변이 걱정되기 시작했다.

아버지와 어머니는 작은 가게를 하셔서 사람들을 자주

만나고 접하는 일을 하시기에 더욱 걱정되었다. 부모님과 영상통화를 자주 하면서 얼굴을 보았지만 결국 더 이상 혼자 도쿄에 남아있는 일이 의미가 없게 느껴져 정든 학원과 이별을 고하게 되었다.

학원에서의 마지막 날에는 학생들이 꽃다발과 편지를 준비해 줬다. 고마운 아이들이었다. 힘든 상황에도 웃음을 갖게 해주어 고마웠다.

한 아이의 편지 속에는 내가 그의 롤모델과 같았다며, 나와 같이 따뜻한 말을 하는 사람이 되고 싶다는 말이 담겨 있었다. 내게는 또 그 말이 무척이나 따뜻하고 감사했다.

퇴사한 후 4월부터 5월 말까지 두 달간은 도쿄집의 짐을 처분하며 보냈다. 한국으로 보내는 겨울옷들을 제외하곤 모두 중고로 팔거나 버렸다. 그리고 집 밖으로는 최대한 나가지 않았다. 일주일에 한 번 슈퍼에서 장보기를 제외하고는 고립된 생활을 했다. 집에서 유튜브를 보면서 요리를 배우고 혼자 밥을 해 먹었다. 외롭지는 않았다. 자주 만화나 그림을 그렸고 영상통화를 했다.

같은 일본 하늘 아래 살고 있지만 도쿄 밖에 있는 남자친구 A와는 만날 수도 없었기에 토요일 저녁마다 영상통화로 같이 밥 먹는 기분을 내었다.

그렇게 조기 귀국을 준비하던 중 A가 사는 곳으로 아예 이사를 가면 어떨까 하는 생각이 들었다. A는 걱정을 했다. 도쿄에서 바이러스를 옮겨올 수도 있으니까 문제가 될 수 있었다. 시골에는 가뜩이나 나이 든 분들도 많으니 걱정이었다. 그렇기에 더 조심했다.

일본의 정서 중 가장 대표적인 것이 "남에게 폐를 끼치지 않는 것"이다. 그런 환경에서 지내다 보면 내게도 그런 정서가 습득된다. 그리고 내가 남에게 폐를 끼치지 않는 것처럼 남들도 나에게 해를 끼치지 않으려고 노력한다. 웬만하면 그렇다. 그렇기에 일본은 나름의 질서 정연한 사회를 구성하며 살아가고 있는지도 모르겠다.

가벼운 짐을 가지고 오아라이에 도착했다. 시끌벅적한 도쿄역을 지나 한적한 바닷가 마을에 발을 디디니 모든 게 갑자기 조용해진 기분이 들었다. 상점은 역 근처에 하나, 바다 근처에 하나 있었다. 그리고 음료자판대가 조금 덜 있었다.

이바라키현 바닷가 마을 오아라이에서 보낸 여름

일본에서의 마지막 여름의 기억은 오아라이에서 시작되고 오아라이에서 끝난다. 시골에서의 생활은 도시 출신인 내게 많이 불편했다. 한국에서 살 때는 집 앞에 편의점과 카페가 있었고 그게 너무 당연했다. 도쿄에서도 집 앞 5분 거리에 편의점이 세 개 이상 있었고 카페도 많았다.

오아라이에서의 삶은 많이 달랐다. 집 앞에 우리가 부르던 편의점이 있었다. 바로 자판기다. 음료수 자판기를 '콘비니(편의점)'라고 부르며 매일 음료수를 뽑아 먹으며 즐거워했다. 불편함이 생기면 불편함에 익숙해지기까지만 불편하고, 익숙해진 후에는 새로운 재미가 생긴다.

장을 보려면 슈퍼마켓까지 걸어서 30분이 걸렸다. 돌아오는 길에는 더욱더 무거워진 짐이 힘들었다. 남자친구가 들거나 나눠 들어가며 집에 갔다. 차가 있거나 교통이 편리했다면 그렇게 걷지 않았을 텐데, 걷는 동안 주변의 꽃들을 보았고 아름답게 피어있는 무궁화를 보았다.

한국을 처음 떠나올 때 보았던 주황색 능소화를 다시 보았다. 인천공항으로 가던 차 안에서 능소화가 짙게 흐드러진 모습을 보며 예쁘다, 생각하던 게 어느새 일 년 전의 일이 된 것이다. 아, 이제 돌아갈 때가 됐구나! 하고 직감했다. 다시 오아라이의 골목 골목에서 누군가의 정원 앞에 피어난 능소화를 보고 여름이 되었구나, 8월이 오는구나를 실감하니 내가 일본에 와서 한 것이 무엇이 있나 되돌아보게 되었다.

바닷가 근처에 살게 되었으나 정작 바다에 들어가 보지는 않다가 마을을 떠나기 하루 전에 바닷물에 들어갔다. 가져온 수영복을 입고 A와 슈퍼마켓에 가서 물을 샀다. 놀다가 고단해지면 목이 마를 테니까. 바닷가에는 다양한 사람들이 있었다. 가족이거나 커플이거나, 마을 사람들이거나 관광객이거나.

여름에는 서핑하려는 사람들과 관광객들이 오아라이에 많이 온다. 관광객 중 대다수는 '걸즈 앤 판처'라는 만화의 성지순례를 목적으로 온다. 만화의 배경이 되는 장소라고 한다. 그래서인가 곳곳에 만화 캐릭터들의 입간판이 있다.

평범해 보이는 돈가스 가게나 카페 앞에도 캐릭터 간판이 눈에 띄게 서 있어서 과연 애니메이션 강국이구나 하는 느낌이 든다. 만화를 좋아하는 사람들이 이 마을에 놀러 온다면 정말 기뻤을 것 같다. 마치 이야기 안으로 빠져드는 기분이 들지 않았을까. 그렇게 잘 조성해 놓았다.

마을의 분위기도 덕분에 생기가 있었다. 코로나 때문에 사람들의 왕래가 줄어들긴 했으나, 여름이 되자 매미 소리와 함께 이따금 카메라를 들고 지도를 펼친 채 걷는 여행객들이 등장했다. 나도 마지막 여름을 그들처럼 관광하며 보내기로 다짐하고 계획을 세웠다.

계획 실천을 위해 첫 번째로 간 장소는 오아라이 수족관이었다. 수족관 입장료는 비쌌으나 안에는 볼거리가 많았다. 마스크를 잘 쓰고 들어가 수시로 손 소독을 하는 등 주의를 기울였다. 상어도 보았고 꽃게도 보았다. 바닷가 마을이라 그런지 물고기 종류가 정말 많았다.

시간마다 돌고래쇼도 하는 듯했으나 쇼는 보지 않기로 했다. 동물들을 생각한다면 수족관도 오면 안 됐겠지만 돌고래쇼까지는 지지하기 어려웠다. 수족관을 빠져나오는 출구에는 항상 기념품 가게가 있다. 무엇을 살까 하다가 펭귄 인형을 하나 사서 A의 생일선물로 주었다.

두 번째로 여행 간 곳은 이바라키현 미토에 있는 가이라쿠엔이었다. 일본 삼대 정원 중의 하나라고 한다. 기대하지도 않고 떠난 곳이었는데 생각 외로 좋았다.

봄이 되면 벚꽃이 아름답게 피어 예쁜 것으로 유명하다지만 벚꽃은 이미 진 지 오래인 여름이어서 우리가 방문했을 때에는 꽃보다는 푸른 나무들이 잘 자라있었다. 넓은 정원에 사람은 한 명도 없어서 큰 공간을 독점한 기분이었다. 사진과 영상을 많이 남기고 즐겁게 돌아왔다.

세 번째로 간 곳은 다시 오아라이에 있는 마린 타워였다. 오아라이에서 제일 높은 장소여서 꼭대기까지 올라가면 마을이 한눈에 다 보인다. 도쿄에서 스카이트리도 가보고 도쿄 타워, 모리 타워, 시부야 스크램블 스퀘어 전망대까지 다 가보았지만 오아라이를 한눈에 내려다볼 수 있었던 마린 타워에서의 전망이 가장 기억에 남고 좋았다.

오아라이의 사람들은 모두 친절하고 유쾌했다. 어르신들은 보통 '곤니찌와'하고 인사를 해주셨기에 너무 기뻤다.

도시에서 자란 나는 지나가다 모르는 사람이 인사하는 것이 낯설어서 매번 대답 대신에 움찔거리다가 고개만 꾸벅이곤 했다. 자전거 타고 다니는 학생 중 십중팔구는 A가 일하는 학교의 학생들이었기에 'A센세, 곤니찌와!' 당차게 인사를 하며 옆에 있던 나에게도 인사를 해주었다.

이렇게 마을 사람들과 늘 인사를 주고받다 보니 도쿄에서의 9개월보다 오아라이에서의 3개월이 더욱더 정겨웠고 그곳이 더 내가 속한 곳 같았다.

신칸센을 타고 일본의 북쪽으로

일본에서의 마지막 여행은 도호쿠 지방으로 정했다. 일본의 북쪽에 가본 것은 처음이었다.

주요 행선지는 미야기현 센다이였다. 당시 양발에 생겨난 내성 발톱으로 발을 땅에 대는 것도 힘들어서 오래 걷는 여행은 할 수 없었다. 그래서 센다이에서만 3일을 보내기로 계획하고 떠난 여행이었다.

여정은 간단했다. 귀여운 오아라이 가시마선 열차를 타고 미토역에 갔고 미토에서 센다이까지는 조반센(히타치-도키와) 열차를 타고 갔다. 센다이는 도호쿠 지방에서 가장 번화한 도시라던데 그야말로 작은 도쿄 같았다. 도쿄를 기준으로 생각하게 되는 게 도호부 사람들에게 실례일 수 있지만, 적어도 내 눈에는 도쿄와 다를 바 없어 보였다.

센다이에서는 첫날 백화점에 갔다. 오아라이는 좋은 마을이지만 시골이기에 백화점은 없었고 미토까지 가야 그나마 백화점이나 카페나 서점에 갈 수 있었기에 불편함이 없진 않았다. 하지만 센다이에서의 백화점은 미토보다 스케일이 컸다. 도쿄에서 보던 가게들이 보였기에 너무 신이 났다. 반면에 A는 그런 것보다 역사적인 곳을 방문하고 싶어 했다. 우리는 의견을 잘 통합하여 첫날에는 쉬엄쉬엄 쇼핑하고 마지막 날에는 역사적 공간들을 버스를 타고 이동하면서 구경하기로 했다.

그러던 중, A가 아오모리현에 있는 히로사키라는 곳에 가고 싶어 한다는 걸 눈치챘다. A는 내 발을 걱정했지만 센다이에 있는 백화점에서 샌들을 사고 난 후 걷기 불편하지 않게 된 나는 당일치기로라도 히로사키에 가자고 A를 설득했다. 우리는 그렇게 갑자기 히로사키에 가게 되었다.

둘째 날 아침, 센다이역에서 신칸센을 타고 아오모리현에 있는 히로사키로 향했다. 센다이도 꽤 북쪽인데 아오모리는 그보다 더 북쪽에 있다.

신칸센을 탄 건 그때가 처음이었는데 내부 모습이 마치 비행기처럼 되어있다는 느낌을 받았다. 기차 덕후인 A는 신이 나 보였고 나 역시 그가 좋아하니 기분이 좋았다.

히로사키는 '플라잉 위치'라는 한 일본만화의 배경으로 유명하다. 우리는 그곳에서 히로사키 성과 정원들, 정감 있는 마을을 구경했다. 잘 꾸며놓은 스타벅스가 마음에 들었다. 하지만 안에서 모두 공부를 하고 있어서 쉽게 떠들 수가 없었다. 마스크를 잘 쓰고 공부에 몰입한 모습이 마치 대학교 근처의 스타벅스를 연상케 했다.

히로사키 성은 잠시 본래의 위치가 아닌 곳에 이동되어 있었으나 그 모습도 근사했다. 사진을 여러 장 찍고 주변 사람에게 부탁하여 둘의 사진도 한 장 찍었다. 부탁에 스스럼없는 나와 달리 낯을 무척 가리고 어색해하는 A는 이럴 때마다 매우 경직된 표정과 자세를 보여서 항상 둘이 찍은 사진을 보면 엉뚱한 사내가 옆에 서 있어 누군가 싶곤 하다. 추억을 남긴 건 즐거웠고 산 하나, 연못 하나에도 기뻐하는 A의 모습을 보니 더 기분이 좋았다.

만화에 등장하는 다이쇼 로망 찻집에 들러 식사를 하고 후식으로 애플파이를 먹었을 때 만화에 나온 장면과 같은 자리에 앉았다는 걸 깨닫고 들뜨기도 했다.

히로사키에서 둘째 날을 보내고 다시 센다이로 돌아오니 날이 금방 저물었다. 피곤한 가운데 여행의 마지막 날인 셋째 날 아침은 센다이 근방에서 보냈다. 호텔에서 체크아웃하고 나와 코인 로커에 짐을 보관해둔 후에 센다이역 앞에서 관광버스를 타고 이동했다. 아오바 성터라던지 마사무네 다테 장군의 동상도 보았다. 동상 옆에서 노점상을 발견했다. 한 할머니가 꾸벅꾸벅 졸고 계셨고 앞에는 라무네를 시원하게 보관하고 있었다. 라무네를 두 개 사서 하나씩 먹으려는데 열기가 쉽지 않았다.

"開け方分かりますか? (여는 방법 아세요?)"

"いいえ、よくわかんないんです。手伝ってもらえますか。(아뇨 잘 모르겠어요. 도와주세요.)"

할머니는 내 라무네를 받아들고 손으로 열어주었다. 고맙게 먹었다. 주변에 고대 흔적이 남아있는 유물들을 구경하고 걷다가 다시 센다이역으로 돌아왔다. 기차 시간까지 남은 시간 동안 다시 백화점을 구경했다.

첫 줄부터 백화점을 사랑한다고 말해왔지만 백화점의 잡다한 것들을 파는 공간을 좋아한다. 옷가게에 들어가서는 몇 벌 살 뻔했다. 곧 있으면 한국에 돌아가니 가족과 친구들을 위한 선물도 장만해야 했기에 마음이 간질거렸다. 하지만 충동구매가 되는 것 같아서 겨우 절제하고 기차 시간에 맞춰 다시 역으로 돌아갔다.

신칸센을 타고 미토역으로 와서 미토역에 있는 마켓에 들렀다. 수입품을 주로 취급하는 마켓이어서 한국 음식도 종종 팔았고 유럽 음식이나 치즈, 여러 종류의 초콜릿도 있었다. A가 좋아하는 스위스 초콜릿도 있어서 갈 때마다 사 오곤 했다. 마지막으로 들러 초콜릿 몇 개를 골라 들었다.

다시 오아라이에 돌아왔을 때는 둘 다 녹초가 되어 있었다. 역에서 택시를 타고 집으로 왔다. 도저히 걸을 수가 없었다. 마침 비도 내렸고 택시는 금방 우리를 집까지 데려다주었다. 집에 돌아오자마자 기절하듯 잠이 들었다. 남은 날이 얼마 없다는 걸 아쉬워하면서도 내심 기대가 되었다.

귀국을 준비하자, 아쉬운 마음을 뒤로하고

한국으로 돌아오기 전날, 미토에 있는 호텔을 예약했다. 미토에서 바로 우에노로 간 후에 공항으로 가기 위해서였다. 호텔에 도착해 짐을 풀고 우체국에 들러 전출신고서를 보냈다. 도시마구 전출신고를 이제야 한 것이다.

도시마구에 살면서 좋았던 점 한 가지는 아베 총리가 외국인도 포함해서 코로나로 힘든 사람들 모두에게 10만 엔씩 줬던 것이다. 세금 열심히 내길 잘했지. 결국 도시마구로 돌아가지 못한 채 바로 한국으로 귀국해야 했기에 이바라키현에 있는 우체국을 통해 우편으로 전출 신고하는 방법을 택했다. 처음에는 어떻게 하는지 잘 몰라서 도시마구청에 전화로 물었더니 그리하라 알려주었다. 우체국을 나서자 모든 게 해결된 듯 안심이 되었다. 저녁은 코코이찌방야에서 먹었다.

일본에서 먹는 마지막 카레일지 모른다 생각하니 카레덕후로서 마음이 찢어지듯 아쉬웠다. 한국에도 카레 맛집은 무척 많으니 카레가 그리운 것보다는 코코이찌방야에 대한 애정이 깊은 것이겠지. 게다가 함께 카레를 먹어온 A

와도 작별해야 했으니 슬픈 마음은 더 컸다. 호텔로 돌아와 일기를 적었다. 그동안의 일들과 마음을 풀어냈다. 사진첩에 잔뜩 쌓인 사진과 영상들이 기억을 더듬는 데 도움이 되었다.

마지막 날 아침 일찍 하고 싶은 것들을 실컷 했다. 아침에는 햄버거를 먹었고 후식으로 스타벅스에서 커피를 마셨다. 기차를 기다리며 쇼핑도 했고 기차 안에서도 편하게 쉬었다. 우에노에 도착해서는 노선을 갈아타러 번거로운 길을 걸었는데 캐리어 바퀴가 고장 나는 바람에 이동하기가 쉽지 않았다. 그때 우에노까지 굳이 배웅하겠다고 와준 A의 존재감이 빛을 발했다. 캐리어 바퀴가 고장 나 움직이지 않는 캐리어를 거의 들다시피 하면서 끌고 와주었다.

우에노에서는 스카이라인을 알아보고 비행기 시간에 늦지 않게 열차를 예매했다. 근처에 있던 빵집에 들어가서 빵을 먹으면서 서로에게 편지를 써주었다. 나는 영수증 뒷장에 적어주었고, A는 내 일기장 한 면에 적어주었다. 지금 읽으면 우습기도 하지만, 당시에는 언제 또다시 만날 수 있을지 불확실한 마당에 애처롭게 적어낸 연애편지였다.

기차 시간이 다 되어 개찰구 앞에서 포옹을 하고 이별을 했다. 끝까지 뒷모습을 지켜봐 주던 A의 모습이 아른거렸다. 나는 기차를 타고 공항까지 무사히 갔고 나리타 공항에서도 무사히 비행기를 타고 인천공항으로 도착했다.

한국에 도착하니 모든 게 일사천리로 진행되었다. 작성하라는 종이에 개인정보를 작성하고 핸드폰을 꺼내어 어플을 깔았다. 내 신상을 확인하기 위해 부모님께 전화하는 군인들은 친절했고 밖으로 나오니 택시기사까지 기다리고 있었었다. 캐리어는 택시기사분의 손에 맡겨졌고 그대로 공항을 빠져나와 택시에 오르니 정말 한국에 왔구나 하는 실감을 했다. 기사님은 아무 말 없이 운전하시다가 무언가 여쭈어보셨고 나는 대답을 하면서 "한국 택시는 신칸센보다 빠르네요"하는 허무맹랑한 소리를 했다.

집에 도착하자마자 자가격리를 했다. 배달음식이 편하니 힘들지 않았다. 격리가 끝난 후에는 제일 먼저 슈퍼에 가서 장을 보았다. 일본에서 갈고닦은 요리 솜씨를 가족들에게 보여주었다. 제육볶음과 닭갈비 등을 해주고 나니 부모님과 여동생의 반응이 좋았다.

그렇게 가족들과 보낸 시간이 너무나 소중했다. 다시 두 달 후에 영국으로 입국하게 된다는 걸 알았기에 곁에 있는 사람에게 최선을 다하기 위해 매일을 소중히 살았다.

한국에 있을 때보다 일본에 다녀온 후 달라진 점을 듣곤 한다. 예를 들면 현실 감각이 생겼다고. 참 이상하다. 현실과 정반대에 있는 곳에 가고 싶어 갔던 워홀인데 나에게 도리어 현실감을 주었다.

다른 사람들이 모두 가는 길을 졸래졸래 쫓아가지 않으려 했건만 사람들이 좋다 하는 장소에 가니 안심이 되곤 했다. 유명하다는 곳에 나도 가보고 싶고 맛있다는 커피 맛은 꼭 보고 싶었던 마음이 참 우스웠다.

도시에 살았던 시간과 시골에 살던 시간 모두 소중하지만 다시 간다면 어느 곳을 택할진 모르겠다. 워홀 가기 전 가장 고민했던 점이 어디로 갈까였는데, 감사히 두 군데에서나 머무를 수 있어서 다행이었다고 생각한다.

가보고 싶었던 삿포로는 다음 기회에 갈 수 있기를 바라며…….

普通
N-40

kka Sapporo

우연이 불러다 준
선물 같은 추억

원주희

후쿠오카
워홀 기간 2011.3~2012.3

고등학교 때 제2 외국어로 일본어를 선택하면서 앞으로 일본어로 먹고살게 될 것을 직감했다. 대학에서 전산통계학을 전공하고 일어일문학을 복수로 전공했다. 일본어를 더 공부하고 싶은 마음에 대학을 졸업하고 1년 반 동안 도쿄 어학연수를 다녀온 후 4년간 서비스업에 종사했다. 일본에 대한 갈증으로 워킹홀리데이를 갈 수 있는 만 30세의 아슬아슬한 나이에 또 한 번 일본으로 1년간 워킹홀리데이를 떠나 잊지 못할 추억을 쌓고 돌아왔다.
귀국 후 일본어 관련 일을 하고 싶어 번역 공부를 하다가 일본인 전용 기념품점에 취직해 6년을 근무했고 현재는 코로나로 인해 쉬고 있다. 틈틈이 번역하며 경제적 자유로 가기 위한 공부를 하고 있다. 시간과 돈에 구애받지 않는 프리랜서의 삶을 꿈꾼다.

이메일 wjhkm@hanmail.net
블로그 blog.naver.com/wjhkm
인스타그램 juhee.80

후쿠오카에서의 일 년

원주희

지진이 일어났다. 2011년 3월 11일의 일이었다. 일본에 입국한 날이 3월 2일이니까 9일 만이다. 일본에서 지진은 별로 놀랄 일이 아니지만 도쿄에서 200km나 떨어진 곳에서 일어난 지진인데도 강도가 너무 세서 도쿄까지 여파가 컸다. 바로 동일본 대지진이었다.

땅이 갈라져 교통수단이 마비되고 건물에 금이 가고 마트에서는 비상식품을 사재기하고 출입국관리국은 도쿄를 빠져나가려는 외국인으로 북새통이었다. 워킹홀리데이를 와서 좋았던 건 잠시, 시작부터 삐걱거렸다. 지진도 지진이지만 방사능으로 이상한 소문까지 나돌았다. 식물에 돌연변이가 나타났다는 이야기도 돌았다. 근거 없는 소문인 줄 알면서도 마음은 불안했다.

'이런 건 영화에서나 일어나는 일 아닌가?'

부정하고 싶었지만 현실이었다. 매일 여진에 시달렸고 집에서 뉴스만 보고 있을 수밖에 없었다. 가족들은 빨리 돌아오라고 난리였고 나는 무너질 것만 같은 집에서 언제라도 빠져나갈 수 있게 비상용 짐을 챙겨 침대 옆에 놓아두고 앞으로의 일을 생각했다.

삶이 계획대로 되지만은 않는다고 하지만 입국 9일 만에 대지진이라니. 고심 끝에 도쿄를 떠나기로 했다. 아쉬웠지만 당시에는 최선의 선택이었다. 계속되는 여진과 공포감으로 더는 도쿄에 있을 수가 없었다. 그렇다고 워킹홀리데이를 포기한 것은 아니었다.

한국으로 돌아와서 새롭게 계획을 짰다. 오사카로 갈까? 후쿠오카로 갈까? 고민하다가 후쿠오카를 선택했다. 동일본과 멀리 떨어져 있고 한국과는 가까워서 안전할 것으로 생각했으니까. 혹시 무슨 일이 생기면 배를 타고 부산에라도 갈 작정이었다.

한국에 한 달 정도 있으면서 인터넷을 통해 후쿠오카에 집을 새로 계약하고 다른 준비를 마친 뒤 다시 도쿄로 날아가 짐을 정리했다. 그리고 비 내리는 어느 밤, 쓸쓸한 마음을 뒤로하고 후쿠오카로 가는 야간 버스에 오르게 되었다.

고등학교 때 일본어를 배우기 시작하면서 일본에 관심이 생겼다. 한국에서 일본어 학원이나 다니고 일본 애니메이션이나 보면 되는데 어학연수까지 결심한 걸 보면 그것만으로는 성에 안 차는 뭔가가 있었나 보다. 어학연수 이야기를 부모님께 꺼냈을 때는 반대가 심했다. 아는 사람 하나 없는 곳에 가서 혼자 어떻게 살 거냐고 걱정하셨다. 그 마음이야 이해가 갔지만 꼭 가고 싶었다.

2004년 10월부터 2006년 3월까지 1년 반 동안 도쿄에서 어학연수를 했다. 도쿄에서 살아보니 무척 마음에 드는 도시였다. 도쿄를 한자 음으로 읽으면 '동경'인데 그야말로 나는 도쿄를 동경하게 되었다.

귀국해서 직장을 다니다가 도쿄에서 다시 살아보고 싶어졌고 가능하다면 그곳에서 취업까지 하고 싶었다. 도쿄에 정착하는 데 워킹홀리데이가 연결 고리가 되어주지 않을까 생각했다. 워킹홀리데이라는 제도가 있어서 다행이었다.

'1년 동안 일하면서 취업비자를 받아보자.'

직장에 다니면서 워킹홀리데이 비자 신청을 위한 서류를 준비하고 두 번의 탈락 끝에 비자를 받았다. 인터넷으로 집을 알아보고 항공권도 예매했다. 만반의 준비는 끝났다. 떠나자 도쿄로!

2011년, 5년 만에 도쿄 땅을 다시 밟으니 감회가 새로웠다. 어학연수 때 다녔던 이케부쿠로에 있는 어학원에 들러 원장 선생님께 인사를 드리니 감사하게도 나를 기억해 주셨다. 앞으로의 도쿄 라이프를 기대하며 외국인 등록을 하고 핸드폰도 개통하고 그렇게 설레는 마음으로 며칠을 보냈는데…….

일이 틀어진 것이었다. 그렇게 생각지도 못하게 도쿄가 아닌 후쿠오카에서의 워킹홀리데이가 시작되었다.

집은 도심에 구하자

버스는 장장 15시간을 달려 후쿠오카의 하카타역에 도착했다. 후쿠오카에 집을 구하는 과정이 쉽지만은 않았다. 도쿄처럼 정보가 많은 것도 아니었다. 어쩔 수 없이 네오팔레스 사이트에 문의했다. 네오팔레스는 비싸다는 이미지가 있어서 피하고 싶었지만 달리 방법이 없었다.

그런데 네오팔레스에서 온 답장이 어학연수 때 같이 공부하던 오빠가 보낸 것이었다. 이런 우연이! 세상이 참 좁다는 생각이 들었다. 어학연수가 끝나고 네오팔레스 지점에서 근무하고 있다고 하는데 어찌나 반갑던지.

오빠는 내가 살 집을 성심성의껏 알아봐 주었다. 집을 못 구해서 낙담하고 있었는데 드디어 희망이 보였다. 그런데 이때 오빠의 말을 들었더라면 고생을 좀 덜 했을 텐데…….

당시 양국을 오가며 예상외의 지출이 컸던 탓에 몇 푼도 아쉬울 때였다. 돈을 조금만 더 써서 중심가에 집을 구하라는 말을 안 듣고 방세 좀 아껴 보겠다고 도심에서 떨어진 곳에 집을 구했다. 그러다 보니 시내로 나갈 때마다 교통비가 많이 들었다. 일본은 우리나라와 다르게 교통비가 비싸다. (알면서 왜 그랬니?)

후쿠오카에 도착한 다음 날, 나는 한 가지 사실을 알았다. 집에서는 한 정거장도 걸어서 갈 수 없다는 것을. 구청에 볼일이 있었는데 한 정거장 거리여서 차비도 아낄 겸 걸어가기로 했다. 철도를 따라 걸으면 되리라 생각했는데……. 길이 없었다! 논밭 사이를 전철이 통과하고 있었다. 광활한 논과 밭을 밟으며 지나갈 수는 없는 노릇이라 어쩔 수 없이 한 정거장을 무려 160엔씩이나 내고 갈 수밖에 없었다. 그리고는 꼭 필요한 일이 아니면 나가지 않고 거의 집콕 생활만 하게 되었다.

스스로 혼자서도 잘 사는 사람이라고 생각했는데 아니었나 보다. 외부와 단절된, 오로지 핸드폰과 노트북만으로 세상과 연결되는 그런 곳에서 혼자 살기는 쉬운 일이 아니었다. 타지의 시골 어느 외딴 방 한구석에 혼자 있으려니 벽을 보고 얘기하는 경지에 이르게 되었다. 어느 날은 길 가다가 아무나 붙잡고 "나랑 친구 해 주실래요?"라고 물을 뻔했다. (외로움의 부작용일까?)

'아르바이트를 구하고 이사를 해야겠다.'

타운 워크(TOWN WORK)라는 구인 잡지를 보며 일자리를 구했다. 매일 아침 편의점에서 잡지를 가지고 오는 게 일과의 시작이었다. 타운 워크 잡지는 전철역이나 편의점 등에 비치되어 있고 무료다.

일이 쉽게 구해질 거라는 생각은 처음부터 하지 않았지만, 현실은 생각보다 더 혹독했다. 1년도 안 남은 비자를 가진 외국인을 고용해 주는 곳은 거의 없었다. 열 번 찍어 안 넘어가는 나무 없다고 하는데 나한테는 넘어갈 기미가 안 보였다.

교통비를 지원해주는 곳이 대부분이었지만 교통비가 안 나오는데 괜찮겠냐고 하는 곳도 있었다. 괜찮다고 대답은 했지만 나 자신이 처량해졌다. 자전거를 사야 하나? 급기야 내 주소 때문에 일이 안 구해지는 건 아닐까 하는 생각까지 들었다.

이사를 먼저 하고 아르바이트를 구해야 하나?

이사가 먼저인가? 아르바이트가 먼저인가?

나는 합의점을 찾지 못한 채 일과 집을 동시에 알아보며 버티고 있었다. 노트북만 붙잡고 있다가 배가 고파져야 간신히 노트북을 떼어 놓고 밥을 먹기 일쑤였다.

'여긴 어디고 나는 누구이며 나는 대체 여기서 무얼 하고 있는 걸까?'

앞날을 내다보지 못하고 눈앞의 이익만 좇았던 내 잘못이다. 그러던 중 하늘이 무너져도 솟아날 구멍이 있다고 했던가. 힘든 상황 속에서도 죽으라는 법은 없나 보다.

인터넷 카페 중 도쿄에 동유모(동경 유학생 모임)가 있다면 후쿠오카에는 후유모(후쿠오카 유학생 모임)가 있다. 후유모 카페에서 한국인 친구 K를 알게 되었다. 나에게 한 줄기 빛 같은 존재가 된 친구다. K의 한 마디로 나의 생활이 180도 바뀌었으니까.

내 상황에 대해 K에게 푸념을 늘어놓자 K는 친구가 일하는 게스트하우스의 헬퍼로 일해 보라고 했다. 헬퍼란 말 그대로 '도와주는 사람'인데 헬퍼로 일하면 게스트하우스의 일을 도와주는 대신 그 게스트하우스에서 무료로 숙박할 수 있다. 따라서 보수는 없고 일종의 더부살이라고 할 수 있다. 친구 K가 말했다.

"게스트하우스 생활이 불편하면 다시 집 구해서 나오면 되지~"

썩 내키진 않았지만 선택의 여지가 없었다. 더 시골에 박혀 있다가는 죽도 밥도 안 될 것 같았다. 하루빨리 탈출하는 것만이 살길이라는 생각으로 게스트하우스로 가기로 했다.

구세주 같은 친구의 도움으로 나는 시골에서 하카타 시내로 진출(?)하게 되었다. 그리고 확실한 깨달음을 얻었다.

집은 무조건 시내 한복판에 구하자!

룸메이트 Y를 만나다

혼자서 외로움에 사무치며 지내다가 갑자기 사람들이 많은 게스트하우스에 오니 신세계였다. 나는 게스트하우스로 이사한 다음 날부터 헬퍼로 일하게 되었다. 헬퍼가 하는 일은 손님들이 체크아웃한 후 객실 내 침대 시트를 갈고 청소하고 쓰레기를 비우는 일인데 그렇게 힘들진 않았다. 헬퍼로 일하면서 일과 집을 동시에 해결한 거 같아서 게스트하우스가 점점 더 좋아졌다.

지금도 가끔 안부를 묻곤 하는 Y와의 인연은 이때부터 시작되었다. 게스트하우스로 터전을 옮기면서 일본인 룸메이트 Y를 만났다. 우리는 나이도 같아서 이름에 붙이는 '상'(우리말 '씨'에 해당)도 나중에는 붙이지 않고 친구처럼 지내게 되었다. Y는 게스트하우스에서 지내면서 낮에는 회사에 다니고 저녁에는 헬퍼로 일했는데 매일 아침에 알람이 없어도 제시간에 눈을 뜰 수가 있다고 하니 Y의 알람 소리로 내가 잠을 설칠 일도 없었다.

게스트하우스 3층에는 주방과 휴게실이 있어서 모여서 TV도 보고 잡담도 할 수 있다. 한번은 TV를 보면서 Y에게 물었다.

"근데 너는 무슨 일 해?"

"야쿠자이시."

"음… 야쿠자(깡패)가 아니고 야쿠자이시(약사) 말이지?"

농담으로 한 말이었는데 안 통했나 보다. 하긴 야쿠자랑 비교하는데 기분 좋을 리 없지. Y는 야쿠자가 아니라고 강조할 뿐이었다.

Y와 있으면 억지로라도 일본어를 끄집어내야 한다. 그래서 참 다행이었다. 할 줄 아는 외국어가 일본어밖에 없는데(슬픈 현실이다) 그 일본어를 써먹을 수 있다니 기쁜 일이었다. 다른 나라에 가서 그 나라의 언어를 사용도 못 하고 지내면 좀, 아니 많이 억울할 것이다. Y와 룸메이트로 지내면서는 적어도 밤에 잘 때까지 일본어를 한마디라도 더 할 수 있었다. 한국인끼리 방을 같이 쓰는 헬퍼들도 있었기에 그런 면에서 나는 어떻게 보면 행운아였다.

대화 상대가 일본어로 술술 말하면 나도 일본어가 술술 나올 것 같은 기분이 들 때가 있다. (실상은 술술 나오지 않는다) 나는 어학연수를 다녀오긴 했지만 5년이나 지나 있었고 어휘도 많이 잊어버린 상태였지만 Y랑 얘기하는 게 좋았다. 모르는 것도 물어보고 배울 수 있으니까. 언어는 역시 꾸준함이 답인가 보다.

Y는 말도 빠른 편이라 다다다 말하고 있으면 듣기 연습도 된다. 그리고 내가 못 알아듣는 것 같으면 "내 말이 좀 빨랐나?" 이러고선 다시 다다다 얘기한다. 보고 있으면 신기했다. 가끔 사투리도 사용하곤 했는데 그 덕에 사투리까지 배울 수 있었다. 오사카 사투리는 들어보았지만 후쿠오카 사투리는 처음 들었다. 이런 게 바로 현지에서만 누릴 수 있는 특별함이 아닐까?

게스트하우스에서 지내며 일본어를 사용할 수 있다는 점도 좋았지만 외롭지 않아서 더 좋았다. Y는 나를 새로운 곳에 많이 데려가 주었다. 현지인이다 보니 알고 있는 곳도 많아서 저렴한 마트부터 시작해서 맛집이며 스포츠용품점이며 오락실까지 나를 데리고 갔다. 오락실에 가서 배팅해 보긴 또 처음이었다.

하루는 내가 가고 싶은 곳에 데려가 주겠다며 차를 끌고 왔다. Y는 가끔 본가에서 차를 가지고 왔는데 같이 드라이브를 하면 정말 신이 났다. 차에 기름이 떨어지면 주유소에도 들렀는데 서비스가 참 좋았다. 기름을 넣을 동안 차의 앞 유리도 정성스럽게 닦아준다. 항상 느끼지만 일본은 서비스가 정말 좋은 거 같다.

Y와 이곳저곳을 함께 놀러 다녔다. 후쿠오카시에서 조금 떨어진 곳에 다자이후라는 관광지가 있는데 1,300년 전에 규슈지방 전체를 다스리는 관청이 500년 동안 있었다고 한다. 우리는 학문의 신을 모신다는 다자이후 텐만구에 가서 소원도 빌었다.

다자이후는 매화(우메)가 유명해서 우메가에모찌(매화떡)는 꼭 먹어봐야 한다. 떡 가게 앞은 관광객들로 붐볐다. 많은 가게가 양옆으로 늘어선 모습이 마치 도쿄의 아사쿠사를 연상하게 했다. 다자이후에서 좀 더 안쪽으로 들어가면 규슈 국립 박물관이 나오는데 1층에는 아시아 여러 나라의 전통 놀이나 의상이 진열되어 있었다. 박물관의 외관이 특이해서 인상 깊었다.

수요일은 영화 티켓이 싸다고 해서 수요일에 티켓을 예매하고 함께 영화도 봤다. 레이디스 데이라고 해서 여자만

수요일에 영화 티켓을 할인해 준다. Y랑 지내다 보니 내 생활도 점점 현지인화가 되어 가는 것 같았다. 얼마 전까지만 해도 참 막막해서 앞이 안 보이는 생활이었는데 말이다. 나에게 많은 것을 새로 경험하게 해 준 고마운 룸메이트이자 친구 Y 덕분에 게스트하우스 생활이 더 마음에 들었다.

특별한 경험, 게스트하우스 파티

게스트하우스의 헬퍼들은 일본인은 물론 한국인, 대만인, 홍콩인 등 국적이 다양했다. 숙박객들도 국적이 다양해서 여러 나라의 사람들과 접할 기회가 많았다. 각 나라의 문화를 배우기도 하고 한글을 가르쳐 주기도 했다. 게스트하우스라는 공간은 숙박 시설일 뿐만 아니라 문화 교류의 장이기도 했다.

종종 이벤트가 열렸는데 주로 타코야끼나 소면, 교자 등의 일본 음식을 헬퍼와 숙박객이 함께 만들어 먹고 즐기는 파티였다. 국적이 다른 사람들이 한자리에 모여서 일본 음식을 만들어 먹는 모습을 상상해 보시라. 멋지지 않은가?

관광이든 출장이든 상관없이 그날 그곳에 묵는다는 이유로 함께 할 수 있었다.

저녁 7시, 그날은 소면 파티가 있던 날이었다.

파티가 있는 날은 헬퍼들이 재료를 미리 준비한다. 물론 게스트하우스의 오너도 자리를 함께한다. 달걀을 삶고 오이, 햄, 파, 토마토, 우메보시(매실장아찌) 등도 썰어둔다. 시간이 되면 숙박객이 모이고 헬퍼들이 초대한 친구들도 온다.

소면을 쯔유(양념 장국)에 담가서 먹는데 각자의 취향에 맞게 썰어둔 재료들과 같이 먹으면 더 맛있다. 파티하면서 일본의 음식 문화도 같이 배울 수 있다. 파티할 때만큼은 처음 보는 사람도 낯설지 않다. 누구나 친구가 되는 느낌이다. 먹으면서 사진도 찍고 이야기도 하다 보면 시간이 훌쩍 지나간다.

방송국에서 촬영하고 간 적도 있었다. 한창 파티 중에 방송국에서 카메라를 들고 와서 파티 모습을 찍고 갔는데 나중에 물어보니 TV 어느 프로그램에서 방송된다고 한다. 일본 게스트하우스의 파티 모습을 일본 TV에서 방송한다니 신기했다.

타코야끼 파티를 할 때는 타코야끼 만드는 방법을 배울 수 있다. 안 배우려고 해도 만들다 보면 알게 된다. 그전까지는 타코야끼를 사 먹어만 봤지 직접 만들어 먹어본 적은 없었다. 그런데 만들어 보니까 어렵지도 않고 재미있었다. 한국에 돌아가면 직접 만들어봐야겠다고 생각했다.

나중에 한국에 돌아와서 바로 타코야끼 전용 팬을 사들였다. 게스트하우스에서 만들었던 것처럼 재료들을 다 준비해 놓고 만들어봤다. 어? 이게 아닌데. 불 조절에 실패했지만 어찌어찌 모양은 나왔다. 맛은 물론 문제없다. 그 후로는 가끔 타코야끼가 먹고 싶을 때는 직접 만들어 먹는다.

숙박객과 함께하는 파티가 아니더라도 가끔은 헬퍼들끼리 파티를 하기도 했다. 메뉴는 그때그때 먹고 싶은 걸 자유롭게 정할 수 있었다. 헬퍼 중에 한국인이 많아서 부대찌개 파티도 하기도 했다.

인터넷으로 레시피를 찾아보고 미리 장을 본다. 혼자 밥을 먹으려면 귀찮기도 하고 대충 먹게 되는데 파티를 하면 요리도 재밌게 하게 되고 더 맛있게 먹을 수 있게 된다. 재료를 냄비에 보기 좋게 담은 후 준비한 양념장과 육수를 붓고 팔팔 끓이니 대성공이다. 다 먹고 나서 마무리로 라면 사리까지 넣었다. 모두를 만족시킨 부대찌개 파티였다.

솔직히 게스트하우스에서의 파티는 책에서나 나오는 얘긴 줄 알았다. 가이드북이나 외국 생활을 소개하는 책 같은 데서 으레 나올 것 같은 장면이니 말이다. 하지만 내가 실제로 경험했고 굉장히 즐거운 추억으로 남아 있다.

밤이 되면 옥상에 올라가 시원한 공기를 마시며 스트레칭을 했는데, 하루를 마치고 생각도 정리하고 몸도 움직이면 기분이 개운해졌다.

'게스트하우스 생활이 내게 이렇게 잘 맞다니, 내가 이제까지 왜 이걸 몰랐지? 청소 일이 나한테 맞는 일이었어? 아니면 사람들과 어울려서 즐거운 건가?'

그렇게 잘 적응할 수 있을지 몰랐다. 게스트하우스에서 살기 전에는 공동으로 생활하는 불편함만 떠올라 임시로 지내다가 집을 구해 나갈 생각이었다. 물론 공동 주방, 공동 샤워실 등 불편한 점도 있었지만 그런 단점을 다 커버

할 수 있을 정도로 장점이 많았다. 방에 있다가 심심해서 휴게실에 올라가면 사람들도 있고 마치 대학 때 동아리방에 놀러 가는 기분이랄까.

가능만 하다면 계속 그렇게 지낸다고 해도 불만이 없을 정도로 세상이 아름다워 보였다. 친구 중에는 일본 생활이 싫다고 빨리 한국으로 돌아가고 싶다는 친구도 있었는데 같은 시간을 보내면서도 이렇게 다른 경험을 하는구나 생각했다.

게스트하우스의 헬퍼로 들어간 것은 내 일본 생활에서 정말 '신의 한 수'였다는 생각이 든다.

일본에서 책 읽는 즐거움

어떤 책이든 옆에 몇 권은 끼고 사는 게 습관인지라 일본에서도 도서관을 찾게 되었다. 헬퍼 일은 오전 11시부터 오후 1시나 2시까지만 하면 끝나기 때문에 오후 시간은 자유롭게 쓸 수 있었다. 점심을 먹고 나면 게스트하우스에 비치된 자전거를 타고 도서관으로 향했다.

일본이라고 도서관 풍경이 특별히 다르지는 않았다. 책

이 진열된 모습과 정숙한 분위기는 어느 나라나 다 마찬가지 같다. 도서관 카드를 만들면 대출도 할 수 있고 대출 예약도 할 수 있다. 좋아하는 장르의 코너에 가서 누구의 방해도 받지 않고 자유롭게 책을 보는 그 순간은 나만의 힐링 타임이었다. 한국에서는 소설을 잘 보지 않는데 일본어로 된 책은 소설 장르를 주로 읽게 된다.

나는 일본어 특유의 어감을 좋아한다. 막연하게 어감이라고 했지만, 소설 속에 나오는 등장인물의 말투나 일본어 노래의 가사에도 특유의 어감이 있어서 일본어가 나에게는 매력적으로 느껴진다. 그런 것에 무슨 매력을 느끼냐고 이해 못 하실 수도 있다. 나도 역시 스스로 이해 못 할 때가 있다. 생각해 보면 아무것도 아닌 정말 사소한 대사와 가사이니 말이다. 그런데도 어감에 끌리는 걸 보면 이런 이유로 내가 일본어도 좋아하고 일본어로 된 책은 소설 장르를 많이 보게 되는 것 같다.

후쿠오카의 도서관에서는 주로 추리소설을 빌려서 읽었다. 같은 추리소설이라 해도 한 작가의 책을 몰아서 읽다가 다른 작가의 책을 읽으면 말투나 분위기가 달라지며 작가 각자의 개성이 글에 나타난다.

책을 읽다가 모르는 한자가 나오면 어떻게 읽는지 룸메이트에게 물어봤는데 문맥을 쓱 보고 알려 주었다. 이 정도라면 히라가나로 써도 될 걸 왜 굳이 한자로 썼을까 하니 룸메이트는 작가들도 똑똑한 척을 하고 싶어서 그런 거라고 했다. 그런가? 룸메이트의 주관적인 생각이라 알 길은 없다. 어쨌든 책을 읽을 때 나에게 전자사전은 필수였다.

게스트하우스 휴게실에 앉아 살랑살랑 부는 바람을 맞으며 빌려온 책을 읽고 있으면 그 순간은 무엇과도 바꾸기 싫은 행복한 시간이다. 책도 읽고 공부도 하고 일석이조다. 날씨가 좋으면 책을 들고 도서관 옆 공원에 나가기도 했다.

빌린 책을 읽다가 마음에 드는 책이 있으면 중고 서점 북오프에 가서 구매했다. 북오프에서는 책 외에 DVD나 음반도 파는데 가격이 저렴해서 지금도 일본에 여행 갈 때마다 꼭 들르는 필수 코스이다. 중고지만 새것처럼 상품의 상태도 좋다.

츠타야는 카페가 같이 있어서 차를 마시면서 책을 읽을 수 있었다. 내가 지금 사는 제주에도 이런 서점이 있으면 좋으련만.

게스트하우스의 휴게실에도 책이 비치되어 있어 누구나 읽을 수 있었다. 주로 만화책이지만 소설 못지않게 재미있다. 방에서 뒹굴며 보는 게 또 만화책의 묘미다. 나는 룸메이트의 적극 추천으로 별로 재미없을 거 같은 만화책 <데스노트>를 읽어봤다. 그런데 이게 웬걸, 눈을 뗄 수가 없었다. 나는 흥미진진한 데스노트의 전개 속으로 빠져 버렸다.

축제에 가보자

일본은 마쓰리(축제)가 참 많다. 여행을 가더라도 우연히 마쓰리 기간과 겹칠 정도다. 일본의 마쓰리는 우리나라처럼 주말을 끼고 하는 경우도 있지만 대부분 날짜가 정해져 있다.

내가 살던 후쿠오카를 예로 들면 하카타의 대표적인 마쓰리인 '하카타 돈타쿠 마쓰리'는 매년 5월 3일과 4일에 열린다. '하카타 기온 야마카사 마쓰리'는 매년 7월 1일부터 15일까지다. 불꽃놀이 축제는 매년 8월 1일에 한다.

이렇게 날짜가 정해져 있는 경우는 평일이든 주말이든 매년 그 날짜에 꼭 마쓰리가 열린다. 반면 주말에 열리는 행사의 경우는 '몇 월의 몇 번째 토요일'과 같이 정해져서 매년 날짜가 달라진다. 마쓰리 날짜는 정해진 경우가 대부분이지만 아무래도 주말이 마쓰리에 참가하기 쉬우므로 최근에는 주말로 하는 경우도 많아지는 추세다.

마쓰리가 열리는 날에 비가 오면 날짜가 연기될 수도 있는데 비의 영향을 받지 않는 마쓰리인 경우는 그대로 진행하기도 한다. 규모가 큰 마쓰리는 따로 홈페이지가 있어서 홈페이지에서 일정 및 연기 여부를 확인할 수 있다. 불꽃놀이 축제는 우천 시에 거의 연기된다고 보면 된다.

나는 마쓰리를 좋아해서 마쓰리가 열린다고 하면 거의 가보는 편이었다. 후쿠오카에서 처음으로 구경한 마쓰리는 하카타 돈타쿠 마쓰리인데 '돈타쿠'는 네덜란드어에서 유래한 '휴일'이라는 뜻이란다. 이 마쓰리의 특징은 다양한 퍼레이드를 즐길 수 있다는 것이다.

거리에서 퍼레이드가 펼쳐지고 사람들은 양옆에 소풍 나온 듯이 돗자리를 깔고 앉거나 퍼레이드를 따라다닌다. 나라별로도 퍼레이드를 하는데 의상이나 퍼포먼스가 특색이 있어 구경하는 재미가 쏠쏠하다. 마쓰리에 야타이(포장마차)가 빠질 수 없다. 볼거리와 먹거리가 많아서 지루하지 않고 재밌게 즐길 수 있어서 마쓰리를 좋아한다.

'기온 야마카사 마쓰리'는 게스트하우스로 이사한 뒤 룸메이트와 함께 가 보았다. 남자들이 '야마카사'라고 하는 가마를 메고 달리는데 역병을 물리친다는 의미가 있다고 한다. 가마가 엄청나게 크고 무게가 무려 1t이나 되어서 남자들만 참가한다.

특이한 건 남자들의 복장이다. '훈도시'라는 천으로 된 하의를 입는데 역시 일본이기에 가능한 복장이라고 생각했다. 한국에서 그런 복장을 한다는 것은 상상도 못 하겠다. 더운 날에 무거운 가마를 메고 달린다니 생각만 해도 땀이 난다.

후쿠오카에 오호리 공원이라는 큰 호수를 품은 공원이 있는데 매년 여름에 이곳에서 불꽃놀이가 펼쳐진다. 여름 축제는 역시 불꽃놀이가 제격이다. 불꽃놀이 축제가 있는 날은 사람들이 어찌나 많은지 잠깐 일행을 놓치면 찾기도 힘들 정도다. 그 많은 사람이 다 어디서 쏟아져 나오는지 모르겠다.

불꽃놀이는 밤 8시에 시작하는데 낮부터 공원 안은 돗자리를 펴서 간식을 먹는 사람들로 붐빈다. 일본의 전통 의상인 유카타를 입은 사람도 많다. 나도 친구들과 갔는데 친구 중 두 명이 유카타를 입고 왔다.

한 시간 반 동안 터뜨리는 불꽃이 무려 6,000발이라고 한다. 호수 위라 그런지 불꽃이 반사되는 모습도 멋졌다. 사진도 찍고 영상도 찍었지만 불꽃놀이는 역시 직접 보는 게 제일이다. 사람들이 많이 모이는 이유를 알 것 같았다.

그 외에도 매년 9월 12일부터 18일까지는 '호조야 마쓰리'가 열린다. '호조'는 방생이라는 뜻인데 물고기와 새를 놓아주어 만물의 생명을 존중한다는 뜻이다. 마쓰리 마지막 날에 자전거를 타고 축제 장소인 하코자키궁으로 갔는데 늦게 가서 아쉽게도 방생 장면은 보지 못했다.

후쿠오카뿐만 아니라 일본 각지에서 지역의 특성을 살

린 마쓰리와 축제를 자주 연다. 참가해서 구경하고 맛있는 것도 먹으면서 여행을 해 본다면 신선한 경험이 될 것이다. 삿포로 눈 축제도 언젠가 가보려고 벼르고 있다. 눈 조각과 얼음 조각을 실제로 보면 굉장히 멋있을 것 같다. 물론 핫팩은 필수로 챙기고 말이다.

영어를 못해서

게스트하우스에 네덜란드 여성 L이 헬퍼로 들어왔다.

네덜란드라니 정말 글로벌하다. 문제는 L이 일본어를 못하고 나도 영어를 못해서 의사소통이 힘들다는 것이었다. 그동안은 한국인과 대화할 때 말고는 전부 일본어를 사용했다. 그런데 같이 일하는 사이에서 말이 안 통해서 꼬이는 일이 가끔 발생했다.

어느 날 청소를 하는데 2층에서 담배 냄새가 나길래 L에게 짧은 영어로 물어보니 208호 손님이 담배를 피우고 있단다. 나는 208호로 가서 손님에게 바로 "손님, 실내에서 담배를 피우시면 안 됩니다."라고 일본어로 얘기했는데 손님이 영어로 나는 담배를 안 피웠는데 무슨 소리 하냐고 했다. (아마 그런 뜻인 것 같았다) 아차, 나는 바로 죄송하다고 사과했다. 방안을 보니 담배를 피운 흔적도 안 보였다. 확인도 제대로 안 하고 괜히 손님을 불쾌하게 했구나!

내가 L의 말을 잘못 알아들었나? 피우는 것 같다고 한 것을 내가 피운다는 의미로 해석해 버린 건 아닌가 생각이 들었다. 영어 좀 공부해 둘걸.

어느 비 오는 날엔 룸메이트가 옥상에 널어둔 빨래를 걷어와 달라고 부탁해서 옥상으로 갔다. 거기 있는 빨래가 전부 룸메이트 것인 줄 알고 다 걷어왔는데 L의 빨래도 섞여 있었다. 빨래는 나중에 주인을 찾아갔지만 L은 빨래가 없어져서 당황했었나 보다. 휴게실에서 만난 L에게 내가 착각해서 빨래를 다 걷어와 버렸다고 말했다. 아, 내가 말한 건 아니고 룸메이트가 통역해 주었다. L은 그럴 수도 있다면서 개의치 않아 했다.

L은 의사소통이 안 되는 것만 빼면 좋은 친구였다. 내가 어느 가게에 간다고 하면 할인 쿠폰이 있다면서 주기도 하는 등 마음씨도 좋았다. L이 게스트하우스를 떠나기 전날, 헬퍼들에게 네덜란드 음식을 만들어 주었다. 수프 같은 음

식이었다. 의외로(?) 맛있었다. 이제 일부러 찾아서 먹지 않는 이상 네덜란드 음식을 먹을 기회도 없겠지. L이 떠나는 날은 좀 서운했다. 좋은 친구였는데.

짧게 몇 달씩 머물다 가는 헬퍼들이 많았다. 떠나는 사람이 있으면 새로운 사람이 또 오곤 했다.

영어를 못해서 아쉬운 일은 또 있었다.

"원상은 영어도 해요?"

게스트하우스의 오너가 나에게 물었다.

"영어는 잘 못합니다."

물어본 이유는 알 수 없지만 느낌상으로는 영어도 할 수 있었다면 아마 프런트 일도 시켜주지 않았을까 싶다.

그 언젠가 토익 시험을 한 번 본 적이 있는데 어디 가서 말도 못 할 점수였기에 토익 점수는 없는 거나 마찬가지다. 중학교 때의 영어에 대한 열정은 다 어디 갔냐며 한탄해 봐야 없는 영어 실력이 하루아침에 생길 리 만무하다. 역시 사람은 할 줄 아는 게 많아야 기회를 얻는 법이다.

아르바이트를 시작하다

'아르바이트는 해보지도 못하고 돌아가는 것인가?'

사실 게스트하우스에 들어가고 나서도 아르바이트는 계속 구하고 있었다. 월세와 교통비가 안 들어 생활비가 많이 절약되긴 했지만 수입이 없는 이상 돈은 언젠가 바닥이 날 터였다. 만족스러운 워킹홀리데이 생활이었지만 아르바이트 구하기는 최대 난제였다.

식당에서는 주문을 받아 적어야 한다며 아무리 할 수 있다고 어필을 해도 외국인은 못 미더웠는지 면접 기회도 안 주었다. 그리고 어떤 곳은 면접을 보는데 가족관계를 물어보았다. 아니, 도대체 왜 물어보는 거지? 일이랑 전혀 상관도 없는데 말이다.

수십 군데에 응모하고 겨우 면접을 봐도 그 어디에서도 연락을 주지 않았다. 내가 이곳에서 할 수 있는 일이 있긴 있는 걸까? 헬로워크라는 오프라인 일자리 중개소에 가서 구직 등록도 해봤지만 소용없었다. 야속하게도 시간은 나를 기다려주지 않고 잘만 흘러갔다.

그렇게 비자가 5개월 남짓 남았을 때 극적으로(?) 아르바이트를 하게 되었다. 선선해진 어느 가을 저녁, 여느 때와 같이 후유모 카페를 뒤적이고 있는데 단기 아르바이트 모집 글이 눈에 띄었다. 캐널시티에서 한국 물품 가게를 오픈하는데 판매 직원을 구한다는 글이었다.

캐널시티는 하카타에 있는 대형 복합 쇼핑몰이다. 판매 경력은 있었고 한국 물품 가게라니까 어쩌면 가능성이 있겠다 싶어서 이력서를 넣었더니 며칠 후에 면접을 보러 오라고 했다.

면접을 보고서 합격, 불합격을 나중에 통지할 줄 알았는데 면접 자리에서 바로 채용이었다. 내일부터 물건 정리를 하니 나오란다. 나와 같이 면접을 본 한국인 동생과 같이 일하게 되었는데 나중에 한국인 한 명이 더 와서 세 명이 같이 직원으로 일하게 되었다.

친구들이 아르바이트한다고 하면 항상 부러웠는데 나도 드디어 아르바이트를 시작하게 되었다. 이런 날이 오는구나! 헬퍼 일이 끝나고 점심을 먹고 아르바이트를 가서 밤 9시 반에 집에 돌아오는 꽉 찬 나날이 시작되었다. 몸은 힘들었지만 마음은 편했다.

시급도 900엔이라 그전까지 알아봤던 다른 아르바이트의 시급보다 후한 편이었다. 게다가 게스트하우스에서 도보로 30분 거리였기에 교통비도 안 들었다. 바쁠 땐 정신없이 바빴지만 일이 재미있었다. 한국 식품과 화장품, 아이돌 굿즈 등을 팔았는데, 한류 붐이 일 때라 손님이 북적북적했다.

평소에 아이돌에게 관심이 없어서 누가 누군지도 몰랐는데 물건을 팔려면 알아야 하기에 공부(?)도 좀 필요했다. 손님이 "누구 포스터 있어요?"라고 물어보면 "그 누구가 누군데요?"라고 되물을 수는 없으니까.

앨범은 한정판과 일반판이 뭐가 다른 건지도 잘 모를 정도로 정말 기초 지식이 하나도 없었는데 나중에는 그때 눈여겨보았던 카라(KARA)의 열성 팬이 되어버리고 말았다. 내가 아이돌에 빠지다니 스스로도 놀라운 일이었다!

한국 김은 인기가 많았다. 김 봉지를 테이프로 묶어서 세트로 팔았는데 잘 팔렸다. 일하면서 좋은 점은 어쩌다 안 팔려서 유통기한이 임박한 식품은 직원들에게 준다는 것이었다. 라면 하나, 과자 하나라도 일본에 있으면 한국 식품들이 그렇게 반가울 수가 없다. 정작 한국에서는 거들떠 보지도 않았는데 말이다.

일이 익숙해지자 거의 매일 혼자 마감을 하게 되었다. 가게 오픈 전에 캐널시티에서 진행하는 서비스 교육을 받고 마감 절차도 배웠는데 마감하는 게 아주 복잡해 보여서 과연 할 수 있을까 걱정했다. 하지만 하다 보니 익숙해져서 금방 할 수 있게 되었다. 뭐든지 직접 부딪혀서 해봐야 안다.

그런데 어느 날 아침에 문제가 생겼는지 점장님이 어제 마감을 잘했냐고 물어보셨다. 꼼꼼하게 했기에 잘했다고 확신할 수 있었다. 금액도 맞았고 절차도 문제 될 게 없어서 당연히 잘했다고 했다. 결국 금전 등록기의 작동 문제로 점장님의 착각이었고 문제는 잘 해결되었다.

일하다 보면 여러 사람을 접하게 되는데 가끔 무례한 사람도 만났다. 시간 없다며 계산 좀 빨리하라고 반말로 재촉하는 학생도 있었다. 빨리하는 거 안 보이냐고~.

하지만 대체로 아르바이트 생활은 순조로웠다. 게스트하우스에서 같이 일하는 헬퍼들과 후쿠오카에 와서 사귄 친구들도 가게에 와서 물건을 사 갔는데 일터에서 친구들을 보면 괜히 또 반가워서 뭐 하나라도 더 얹어주고 싶은 마음이 들었다.

일할 때는 유니폼(유니폼이라고 해 봐야 티를 맞춰서 입은 정도지만) 위에 이름표를 목에 걸고 일했는데 하루는 일 끝나고 집에 와서 옷을 갈아입으려고 보니 이름표가 아직도 목에 걸려 있는 것이었다. 빼는 걸 깜빡하고 30분이나 이름표를 단 채로 게스트하우스로 걸어온 걸 생각하니 어찌나 창피하던지. 혼자 마감을 하던 때라 말해주는 사람도 없었다. 밤이니 아무도 못 봤을 거야라고 억지로 위안 삼았고 다시는 그런 일이 없었다.

그렇게 하루하루 날짜가 지나 첫 급여를 받았을 때는 기분이 날아갈 것 같았다. 단돈 1엔도 못 벌다가 몇만 엔이 들어온 통장을 보니 뿌듯하고 흐뭇했다. 그동안 밀렸던 건강보험료도 기분 좋게 다 냈다. 돈 쓸 일이 생겨도 마음의 부담이 훨씬 덜했다.

'그래도 워킹홀리데이로 와서 워킹은 해보고 가는구나!'

경제적으로 여유로워진 덕분에 마음까지 여유로워졌다.

야타이와 돈코츠 라멘, 그리고 한국인

후쿠오카에는 '야타이'가 많다. 야타이란 앞에서도 잠시 언급했지만 일본식 포장마차를 말한다. 보통은 일본에서 축제 때 많이 볼 수 있지만 후쿠오카에서는 축제가 아니더라도 심심치 않게 볼 수 있다. 낮에도 저녁에도 나란히 줄지어서 영업하는데 도쿄와는 분위기가 아주 다르다.

야타이 주변은 항상 사람들로 붐벼서 마치 축제 거리에 와 있는 것처럼 기분이 고조된다. 퇴근하고 집으로 돌아가는 길에 간단하게 한 끼를 해결하려는 현지인들도 있을 것이고 후쿠오카의 유명한 야타이를 보려고 관광 일정에 끼워 넣은 관광객들도 있을 것이다.

야타이에 따라 자리가 없으면 꽤 오래 기다려야 할 수도 있다. 파는 음식도 라멘(일본식 라면), 타코야끼, 소시지, 어묵, 닭꼬치 등 다양하다. 맥주도 있다. 메뉴는 라멘이 가장 많은 것 같다.

후쿠오카의 라멘이라고 하면 단연 하카타의 '돈코츠 라멘'이다. 후쿠오카의 명물이다. 돈코츠란 돼지 뼈를 말하는데 뼈가 붙어 있는 돼지고기를 푹 고아서 라멘의 육수로 사용한다. 어학연수 시절, 도쿄 라멘집에서 아르바이트를 한 적이 있다. 그 라멘집이 바로 돈코츠 라멘집이었다.

손님들이 뜸한 시간에 늦은 점심으로 항상 돈코츠 라멘을 먹었는데 그렇게 맛있을 수가 없었다. 면의 익힘 정도도 선택할 수 있는데 나는 부드러운 면보다 단단한 면의 꼬들꼬들한 식감을 좋아했다. 그 면을 한국으로 공수해 오고 싶을 정도였다. 아르바이트를 위해 라멘을 먹는 건지 라멘을 먹으려고 아르바이트를 하는 건지 모를 정도로 그 맛을 잊을 수가 없다.

원래 워킹홀리데이 계획대로 도쿄에 있었다면 다시 가 보려고 했는데 아쉬웠다. 언젠가는 돈코츠 라멘의 원조 후쿠오카 하카타에서 꼭 먹어 보리라 다짐했었는데 어쩌다 보니 후쿠오카에서 살게 되었고 그 덕분에 정말 많이 먹을 수 있었다.

후쿠오카의 라멘 가격은 보통 650엔~800엔 정도 하는데 한번은 길을 가다가 라멘이 250엔이라길래 들어가 봤다. 250엔짜리는 제일 기본이고 달걀이나 숙주나물, 고기 등이 올라가면 가격이 추가되는데 그래도 정말 저렴했다. 자판기에서 원하는 메뉴를 고른 후 식권을 뽑아 점원에게 주면 알아서 만들어 준다. 맛도 좋아 가성비 최고였다. 내가 가본 곳 중 가장 저렴한 라멘집으로 기억된다.

캐널시티 건물의 5층에는 '라멘 스타디움'이 있다. 캐널시티는 후쿠오카 여행객이라면 누구나 가보는 곳이 아닐까 생각한다. 라멘 스타디움에는 일본 각지의 유명한 라멘 가게들이 입점해 있어서 라멘을 먹고 싶을 때 가면 입맛대로 골라 먹을 수 있다.

이야기가 잠시 빗나가지만, 일본은 자판기 시스템이 잘 되어 있어서 일본어를 몰라도 음식 주문하기는 어렵지 않다. 미용실에서도 자판기를 본 적이 있다. 천 엔 미용실이었는데 천 엔을 내고 표를 뽑으면 머리만 자르는 거고 눈썹 정리는 또 얼마를 더 내고 표를 따로 뽑아야 했는데 역시 일본답다고 느꼈다. 내가 일했던 야키니쿠집(불고깃집)에서는 상추도 메뉴에 따로 있었는데 상추를 주문받으면 상추 다섯 장, 또는 열 장 딱 세서 나가는 걸 보면 말 다 한 거다.

후쿠오카에 많다고 느낀 또 하나는 '한국인'이다. 한국인이 안 많은 곳이 어디 있겠냐만, 하카타 중심에 살아서 그런지 한국 사람들이 후쿠오카로 여행을 정말 많이 온다고 느꼈다. 여행인지 유학인지는 모르겠다. 그러고 보니 나처럼 워킹홀리데이일 수도 있겠다.

내가 관광지만 다닌 것도 아닌데 일상에서도 한국인을 많이 마주쳤다. 길에서도 자연스럽게 한국어가 들려오고 식당에도 대부분 한국어 메뉴가 따로 있다. 캐리어를 끌고 숙소로 가는 듯 보이는 여행객이 길을 헤매고 있으면 한국어로 그냥 가르쳐 주면 된다.

여기가 코리아타운이었던가?

내가 있었던 게스트하우스에도 한국인 숙박객이 많았는데 휴게실에 있는 사람이 모두 한국인일 때도 있어서 여기가 한국인지 일본인지? 싶을 때도 있었다.

일본인도 한국에 여행을 많이 갔다. 룸메이트가 부탁한 한국 여행 가이드북을 도서관에서 빌리려고 보니 예약이 28명이나 있었다. 한국에 관심이 많다는 방증이었다.

지금 생각하면 마음껏 여행도 할 수 있었던 그때가 그립다. 어서 빨리 시국이 안정되어 다시 마음껏 양국을 오갈 수 있는 날이 왔으면 좋겠다.

귀국을 앞둔 겨울

후쿠오카에 겨울이 찾아오면 하카타역은 일루미네이션으로 장관을 연출한다.

하카타역은 말 그대로 지하철과 신칸센 등이 다니는 역이기도 하지만 역내에 백화점과 잡화점, 복합 상가와 다양한 음식점들이 입점해 있어 그 규모가 아주 크다. 이것저것 둘러보면 밖으로 나가지 않아도 하루를 거의 보낼 수 있을 정도다.

역 앞은 광장으로 되어 있는데 크리스마스가 다가오면 음악 무대를 만들기도 하고 부스를 설치해 잡화 등을 판매하기도 한다. 특히 커다란 트리를 세워 놓기 때문에 북적이는 인파 속에서 크리스마스 분위기를 한껏 느낄 수 있다. 밤에 아르바이트가 끝나면 하카타역을 지나야만 집으로 갈 수 있기에 예쁜 거리 모습을 마음껏 감상할 수 있었다.

아르바이트를 시작하게 되면서는 매일 시간을 쪼개서

쓰는 나날이었다. 크리스마스와 연말에는 영업시간까지 연장되어 더욱더 바빴다. 그야말로 일복이 터진 거다.

새해 첫날, 매장에서는 복주머니(후꾸부꾸로 - 정초 등에 여러 가지 물건을 넣고 봉하여 싸게 파는 주머니)를 준비해서 주머니 안에 화장품을 넣고 저렴하게 한정 판매했다. 물건도 주문을 많이 해서 놓아둘 자리가 없을 정도였고 손님들이 어찌나 끊임없이 오는지 쉴 시간도 없었다.

하루는 정신없이 일하고 녹초가 되어 집으로 돌아왔는데 헬퍼로 같이 일하는 동생이 늦었지만 생일 선물이라며 미역국을 끓여주었다. 다른 한 동생은 꿀물을 타 마시라고 꿀을 주었다. 내가 며칠 전에 목이 칼칼하다고 한 걸 들었나 보다. 내가 동생들은 잘 두었다. 기특한 녀석들.

사실 그즈음, 날짜가 천천히 갔으면 하는 생각뿐이었다. 하루하루 시간 가는 것이 아쉬웠다. 후쿠오카에서 더 살고 싶다는 생각을 안 해본 것은 아니었다. 하지만 아르바이트도 겨우 구한 마당에 취업 자리를 찾기는 더 어려웠다. 당연히 비자가 없으면 체류할 수 없다. 언제 일어날지 모르는 지진에 대한 불안감도 한몫했다. 귀국 항공권을 예매하고 미련을 버렸다.

그렇게 1월이 지나고 비자가 한 달 남은 시점에서 아르바이트를 그만두었다. 점장님이 보름만 더 일해주길 원하셨지만 귀국 직전까지 일에 얽매이고 싶지 않아서 그럴 수는 없었다. 한 달 동안은 여행도 하고 그동안 못 해본 여러 가지를 하고 싶었다. 사람 마음이 참 간사하다. 쉬면 그렇게 일하고 싶은데 일하면 또 쉬고 싶어지니 참 알다가도 모르겠다. 결과적으로 아르바이트는 4개월 하고 열흘을 한 셈이다.

일을 그만두고 룸메이트와 나가사키 축제 기간에 당일치기 여행을 다녀왔다. 나가사키 하면 짬뽕이 유명한데 나는 나가사키까지 가 놓고 아쉽게도 짬뽕은 못 먹었다. 대신 사라우동을 먹었다. 사라우동도 나가사키의 대표 음식이라고 하는데 튀긴 면에 걸쭉한 소스를 올려서 접시에 담겨 나온다. 면이 바삭해서 과자 같은데 맛있었다. 하지만 한 그릇 먹어본 거로 충분한 맛? 다음에 기회가 된다면 나가사키에 가서 짬뽕을 꼭 먹어봐야겠다.

나가사키는 처음 가 보았는데 기억에 남는 것은 지면의

굴곡이 심하다는 점이었다. 지형이 원래 그런지 몰라도 경사가 심해서 좀 과장하면 언덕이 몇 개 있는 것처럼 보였다. 그 위를 노면전차가 다닌다. 확실히 나가사키만의 특색이 있었다. 이런 곳에서도 자전거를 타고 다닐 수 있을까? 후쿠오카와는 분위기가 정말 달랐다.

우리가 갔을 때 나가사키는 등불 축제 기간이었는데 거리에 등불을 매달고 중국 문화를 소개하는 축제다. 옛날 국제 무역을 하던 곳이라 이국적 느낌이 났다. 나가사키 차이나타운의 중국인들이 소소하게 개최하던 축제가 시내 전체의 축제로 발전한 것이다. 거리도 중국 분위기로 장식하고 퍼레이드와 용춤, 각종 공연도 볼 수 있다. 날이 어두워지면 등불이 더 멋져 보인다. 우리는 등불 구경에 취해 있다가 돌아오는 기차를 놓쳤다. 다행히 막차가 남아있어 겨우 그걸 타고 후쿠오카로 돌아왔다.

귀국 전날, 게스트하우스의 헬퍼들이 모여서 송별회를 해주었다. 떠나는 사람의 송별회만 해 주다가 내가 떠나는 날이 되었다. 하카타역 근처의 모츠나베(곱창전골) 가게에 가서 배불리 먹었다. 이제 모여서 밥을 먹는 것도 못 한다고 생각하니 아쉬워서 더 많이 먹은 거 같다.

8개월 넘게 게스트하우스에서 함께 지낸 헬퍼들과 친구들, 한국 가게에서 같이 일했던 동생들, 스쳐 지나간 친구들까지 모두 고맙고 소중한 인연들이다. 덕분에 도움도 받고 추억도 쌓으며 후쿠오카에서 적응하고 잘 지낼 수 있었다. 혼자서는 외로워서 못 버텼을 거다. 10년이 지난 지금, 다들 어떻게 지내는지 문득 궁금해진다.

일본 워킹홀리데이 그 후

내가 워킹홀리데이를 한 기간은 정확하게 2011년 3월 2일부터 2012년 3월 2일까지다. 귀국 후에는 일본어를 가지고 무슨 일을 할 수 있을까 생각하다가 번역 공부를 시작했다. 어학연수를 마친 뒤에도 일본어가 필요한 곳에서 일했는데 워킹홀리데이 후에도 일본어를 쓸 수 있는 일을 하고 싶었다. 그래서 일본인 전용 기념품점에 취직했다. 기념품점에서 일하면서 기억에 남는 에피소드가 있다.

앞에서도 잠깐 언급했지만 나는 카라의 열성 팬이 되어 흔히 말하는 팬 활동(도저히 내가 그럴 거라고는 상상도 못 했던 일)을 했는데, 카라가 일본에서 팬 미팅을 할 때 진행을 맡았던 일본의 유명 방송인이 내가 일하는 매장에 온 것이었다. 단번에 알아볼 수 있었다. 프로그램 촬영차 한국에 왔다가 쇼핑하러 왔다고 했는데 사진도 먼저 찍자고 해 주어서 정말 기뻤다. 그 외에도 손님들과 대화하다가 이케부쿠로나 후쿠오카에서 왔다는 손님이 있으면 반갑고 왠지 더욱 친근하게 느껴졌다.

그렇게 6년간 다니던 직장도 코로나를 피해 갈 수는 없었다. 일을 그만두게 되었고 지금은 소소하게 번역을 하며 미래를 위한 경제 공부를 하고 있다. 모처럼 찾아온 자유인만큼 지금껏 현실에 안주하고 살았다면 앞으로는 해보지 않은 일에 도전해보고 싶다. 정식 번역가로 지원해보고 싶은 마음도 있다. 경제적 자유를 누리는 프리랜서가 되는 게 목표이다.

만약 워킹홀리데이를 고민하고 있다면

워킹홀리데이라고 하면 무엇이 떠오르는가? 아르바이트와 여행? 외국어 공부의 기회? 새로운 세계의 경험?

나는 도쿄에 정착해 보려고 워킹홀리데이 비자를 받았지만 그 목적은 이루지 못했다. 하지만 후쿠오카에서 멋진 시간을 보냈기에 아쉬움은 없다. 처음부터 가고 싶어서 간 게 아니라 지진을 피하려고 선택했을 뿐인데 오히려 후쿠오카에 정이 푹 들어버렸다.

나의 마지막 청춘(?)을 불태운, 지금 생각하면 내 인생에서 값지고 소중한 1년이었다. 누군가가 나에게 워킹홀리데이를 가서 만족한 시간을 보냈냐고 묻는다면 나는 200% 만족했다고 자신 있게 답할 수 있다.

일이 안 풀릴 때마다 돌아가야 하나 생각했지만 칼을 뽑았으면 무라도 썰고 싶었기에 귀국은 어디까지나 최후의 방법이었다. 아무런 연고도 없는 곳에 가서 처음에는 좌절도 많이 하고 갈피도 못 잡았지만 한 단계씩 고비를 넘기면서 더 큰 경험을 하고 행복과 뿌듯함도 느꼈다.

코로나로 인해 해외로 나가기가 힘든 시기지만 이 시기가 지나면 많은 사람이 다시 해외로 나갈 것이다.

만약 워킹홀리데이를 고민하는 분이 계신다면 꼭 일본에만 국한된 얘기가 아니라 외국에서 한 번쯤 살아보는 것도 꽤 괜찮은 경험이라는 말씀을 드리고 싶다. 고민한다는 것 자체가 가고 싶은 마음이 있다는 것인데 일생에 한 번뿐인 이런 기회를 이용하지 않을 이유가 있을까?

외국에서 살아본다면 그 나라에 대해 배울 멋진 기회가 되리라 생각한다. 단, 뚜렷한 목표가 있어야 하고 그 나라의 언어를 조금이라도 배우고 가면 더 좋다. 어학연수가 아니기에 언어가 주된 목적은 아닐지라도 언어를 조금은 알고 가야 현지에서 생활하기가 좀 더 수월하다.

젊어서 고생은 사서 한다는 말도 있듯이 어떠한 경험도 해보면 나중에는 소중한 추억으로 남는다. 워킹홀리데이 1년은 길다면 길고 짧다면 짧다. 그 1년을 후회 없이 만끽하길 바라는 마음이다. 예비 워홀러분들을 진심으로 응원한다.

壽量院

SEA FOOD
Our Specialty
SHORE DINNERS

아는 사람 하나 없던 곳에서
큰 힘이 되어준 일본인 친구들

김지향

도쿄
워홀 기간 2017.12~ 2018.11

대구 출신. 대학생 때 상경하면서 지금은 사투리와 서울말을 자유자재로 구사할 수 있다는 소소한 특기가 있다. 일본어는 일본어 교사이신 어머니의 영향으로 유년 시절부터 애니메이션, 드라마를 통해 자연스럽게 익혔다. 귀가 트인 순간은 중학생 시절 <기동전사 건담 시드>를 보던 때이다. 좋아하는 것은 아침 산책과 조깅, 에어팟과 Spotify 플레이 리스트이며, 최근에 킥복싱과 농구에 빠졌다. 삶의 철칙은 묻기만 하며 주저하기보다는 직접 움직이며 경험하자는 것이다. MBTI 타입은 ENTJ. 싫어하는 것은 매운 음식이다.
법학, 경영학, 빅데이터 분석학이라는 3개의 전공으로 졸업하고서도 진로 고민이 끊이지 않아 해외 경험을 쌓아보고자 일본 워킹홀리데이를 떠나기로 결심했다. 하지만 첫 일본 여행에서 스스로의 일본어 실력이 터무니없음을 깨달았고, 이후 언어교환 서비스를 활용하면서 일본어 공부와 친구 사귀기에 적극적으로 나섰다. 덕분에 일본어 실력은 물론 소중한 추억과 인연을 쌓을 수 있었고, 워킹홀리데이 동안 회사 파산과 4번의 이사를 겪으면서도 버틸 수 있었다. 워홀 이후도 쭉 일본에서 거주하며 광고대행사에서 근무하고 있다.

블로그 https://blog.naver.com/hyanne_light
인스타그램 @hyanne_the___
이메일 hyannelight@gmail.com

스스로 선택하고 살아가는 PLAN A, 원더풀 라이프

김지향

요즘 시대에 보는 사주치고 “역마살이 없다”라는 말을 들어본 사람은 별로 없을 것 같다. 스무 살 압구정 한 카페에서 사주를 보던 그때만 해도 당신의 이름과 팔자엔 그 글자가 들어있고 예컨대 대학진학으로 상경한 것, 홍콩에 3박 4일 놀러 갔다 온 것도 다 그러한 살의 영향이라나? 그때만 해도 해외에서 거주한다는 것 자체를 상상해본 적이 없었다.

그로부터 수년이 흘러 나는 지금 일본에 살고 있다. 계기는 2017년 12월에 떠난 일본 워킹홀리데이였다. 워홀러로서의 나의 1년을 키워드로 요약하자면 「회사 부도」, 「프로이사러」, 「알바왕」, 「도쿄밖에 모르는 바보(도쿄 촌것)」 정도가 되지 않을까 싶다. 나의 워킹홀리데이는 처음부터 워킹이 목표였다. 바로 도쿄에서 취업하는 것.

PLAN B는 없다

학창 시절, 학점은 평범했지만 공부 욕심은 많았다. 그래서 법학사, 경영학사, 빅데이터 분석학사라는 세 가지 학사를 취득했고 졸업 이수증에는 자그마치 188학점이 적혀

있었다. 공부는 즐거웠지만 취업은 별개의 문제였다. 갖은 취업 스터디, 토익 스터디를 하며 오롯이 취업 준비에만 매진하던 나는 사실 '뭘 하고 먹고살아야 할지 모르겠다'는 고민을 안고 있었다. 정확히는 선택지가 너무 많아서 하나로 정하기가 어려웠다.

그러던 중 나와 정반대인 타입을 만났다. 취업 멘토링 프로그램에 같이 참가했던 한 언니였는데, 은행에 가는 게 목표라고 했다. 증권사도 보험사도 제치고 무조건 제1금융권 시중은행. 목표가 너무 뚜렷해서 넌지시 플랜 B는 없냐고 물었더니 단박에 없다는 대답이 돌아왔다. 스스로 배수진을 친 언니는 그해 은행에 당당히 입사했다. 언니의 탁월한 선택과 집중. 나에게 필요한 것은 어쩌면 선택지를 줄여나가는 것이 아닐까 하는 생각이 들었다.

소거법으로 내가 할 수 있으면서도 하고 싶은 것을 추려 나가던 어느 날, 해외 전근을 앞둔 친구와 식사를 했다. 나는 당시 외국 생활 경험이 전혀 없다 보니 그 친구가 마냥 멋지고 부러웠다. 그러다가 문득 '나도 외국에서 일하면 어떨까?'라는 생각이 들었다. 현지에서 외국인 노동자로 살아가기. 이것이야말로 소거법의 끝판왕 아닌가? 만약 내가 해외로 나간다면 그곳에서 바라는 것은 어떤 분야든지 사무직 포지션을 꿰차는 정도일 것이다. 그렇게 나의 THE ONLY PLAN을 세워보기로 했다.

PLAN A

목표는 현지 사무직으로 일하기. 가능하다면 거기서 현지 취업까지. 좋다, 그러면 어느 나라로 가야 하나? 영어는 그다지 자신이 없었고 어학원을 다닐 자금도 없었다. 그나마 일본어는 어느 정도 듣고 얘기할 수 있는 수준이었다. 그런 내게 일본은 매력적인 나라였다.

엎어지면 코 닿을 거리에, 구인배율도 높아서 구인난이라는 뉴스가 흘러나오는 곳. 게다가 일본은 미국처럼 취업비자가 까다롭게 발급되는 나라도 아니다. 다만 일본에서 생활해본 경험이 없기에 바로 사무직 정사원 채용을 향해 뛰어드는 것은 무리였다. 그런 내가 당장 선택할 수 있는 길은 일본 워킹홀리데이뿐이었다.

취업준비생인 내가 대뜸 일본 워킹홀리데이를 가겠노라

부모님을 설득하기는 어려울 것 같았다. 그래서 설날에 본가로 내려가 식탁에서 쁘띠 프레젠테이션을 했다. 아빠는 못마땅해하셨던 것 같지만, 엄마는 조금 고민하시다가 곧 내 선택을 적극적으로 밀어주셨고 그 길로 거처를 본가로 옮겨 자금을 모으면서 워킹홀리데이 비자 준비와 일본어 공부를 병행했다.

도시는 도쿄로 정했다. 이유는 일본 제1 도시인 만큼 일자리가 풍부할 테니까. 그리고 <도쿄여자도감(東京女子図鑑)>이라는 드라마의 영향도 있었다. 아키타현에 살면서 쭉 도쿄를 동경하던 주인공이 도쿄로 상경하고서 이곳저곳에서 살아가는 이야기인데, 그중에서도 동네별 특색이 흥미롭게 다가왔기 때문이다. 도쿄를 로컬 단위로 쪼개서 이해할 수 있는 재미있는 드라마이므로 추천하고 싶다.

워홀 비자 준비부터 아르바이트 구직까지

나의 개인적인 일본 워홀 목표는 '워킹(근로)'이었지만 일본 영사관이 워킹홀리데이 비자 발급에서 중요시하는 건 어디까지나 '홀리데이(여홍)'라고 한다. 그렇기에 비자를 준비할 때 일은 어디까지나 노는 데에 쓸 자금과 교환하기 위한 수단 정도로 생각하는 편이 좋다.

그리하여 내가 제출한 진술서 속 나의 미래는 일본 전국을 기차를 타고서 방방곡곡 쏘다니는 모습이다. 이 내용은 〈허니와 클로버〉라는 만화책에서 나오는 홋카이도 행 침대열차에 착안하여 신나게 써 내려갔다.

그러나 현실은 '어떤 일'을 '어떻게' 구해야 하느냐는 고민의 연속이었다. 워홀 비자 합격 소식을 듣던 날은 마이나비 코리아가 주최한 일본 취업 세미나에 참가한 날이었는데, 같은 조에 있던 참석자 대부분이 워킹홀리데이나 유학 경험이 있었기에 쉬는 시간 짬짬이 현지 구직에 대한 진솔한 조언을 얻을 수 있었다.

어떻게서든 일자리를 빨리 얻으려고 발버둥 치던 찰나에 한국에서 도쿄 사무실 아르바이트 자리를 기적처럼 구했다. 때는 2017년 여름, 도쿄 올림픽을 3년 앞둔 시점이었다. 일본의 인바운드 시장(외국인 관광객을 대상으로 하는 시장)은 눈부신 성장을 기록하던 중이었다. 따라서 외국인을 대상으로 하는 일본 내 서비스 업체들은 한국으로 직접 영업을 나와 제휴를 맺는 등 활발하게 사업 전개를 하고 있었다.

때마침 도쿄 최대 규모를 자랑하는 셰어하우스 회사 임원들이 제휴처 방문을 위해 한국 출장을 와있었고 나는 그 장소에 워홀 상담을 받으러 갔던 것이다. 그때 상담해주시던 분의 제의로 갑작스레 면접이 열렸고 내 가방에는 때마침 일본어와 영어 이력서가 2부씩 들어 있었다.

그렇게 감사하게도 셰어하우스 회사와 컨설팅 회사 두 곳에서 요일을 번갈아 가며 일해보자는 제안을 받을 수 있었다.

12월의 도쿄, 네리마구 토시마엔

그로부터 한 달 뒤, 연말 분위기가 퍼지기 시작한 12월 첫날에 나리타로 입국했다. 조금 어수선하더라도 한 달 동안 일본에서 적응 기간을 가지는 게 좋지 않겠냐는 회사 측 배려였다. 나리타에서 도쿄 도심으로 차를 타고 들어오는 동안 이정표에 쓰인 도쿄(東京)란 지명 외엔 아무것도 못 읽어서 내심 겁에 질렸던 기억이 난다.

셰어하우스 회사가 제공해준 사택(사택도 물론 셰어하우스)은 토시마엔이란 오래된 유원지 부근에 있었다.

사택에 짐을 두고서 네리마 구약소(区役所, 한국의 구청에 해당하는 관공서)에서 주소 등록을 하고 국민건강보험을 들었다. 참고로 국민건강보험에 가입할 땐 이제 갓 일본에 와서 급여가 없다는 점을 어필하는 것을 추천한다.

마치고 나오니 밖은 이미 어둠이 깔려있었다. 도쿄는 서울과 시차가 없지만 훨씬 동쪽에 있기에 12월에는 오후 4시 정도부터 어둑어둑해진다는 걸 알게 됐다.

그길로 휴대폰을 개통하기 위해 이케부쿠로역 서쪽 출구 쪽에 있는 빅카메라에서 휴대폰 유심을 계약했다. 그러고는 동쪽 출구로 가려는데 도무지 어떻게 가야 할지 모르겠는 것이다! 서쪽 출구에 있는 루미네와 토부백화점 쪽에서 한참 헤매다가 집으로 오니 밤 10시였다.

나만 그런 건지 모르겠는데

일본도 외국이구나 하고 처음 느낀 때는 장을 볼 때였다. 한국 같으면 대충 슈퍼에 음식 말고도 일상에 필요한

용품은 대체로 다 파는데 토시마엔의 집 근처에 있는 가게들은 뭔가 달랐다. 당시 구글 맵과 더불어 자주 쓰던 로케스마(ロケスマ)라는 어플로 집 주변에 갈만한 상점을 체크하곤 했는데 같은 슈퍼 카테고리임에도 어떤 곳은 식재료만 팔고 또 어떤 곳은 일용품도 같이 팔고 있었다.

대체 이 동네 주민들은 장을 어디서 본단 말인가? 현지 유통 체인을 이해하기까지 아마존만 이용했다는 슬픈 시절의 이야기다.

사무실 아르바이트 동시에 두개 하기

나는 셰어하우스 회사에 화, 목, 컨설팅 회사에 월, 수, 금 출근하기로 계약되어 있었다. 입국 사흘 후인 월요일은 칸다(神田)에 있는 컨설팅 회사로 처음 출근하는 날이었다.

정장을 입고 도착한 사무실은 때마침 이사하던 중이라 내부가 어수선했다. 한 중년 여성 사원이 통성명을 하며 블랙커피를 내려줬다. 분위기를 보며 숨을 고르다가 곧장 영·일 번역 업무를 나눠 받았다. 7인 규모의 작은 컨설팅 회사였던 이 회사는 요식업체 가맹점 운영부터 군부대 입찰까지 참여하는 회사였다. 이날 처음으로 일본판 오피스 프로그램을 썼는데 뭐가 뭔지 생소한 한자에 머리가 빵 터질 것 같았다.

다음 날 출근한 셰어하우스 회사는 긴자에 있는, 사원 평균 연령대가 20대에 사원 수가 100명을 훌쩍 넘기는 활기 넘치는 공간이었다. 나는 해외 영업팀에 배속되어 외국인 고객의 셰어하우스 견학 안내를 주로 맡았다.

당시 회사가 관리하는 셰어하우스 수가 800채를 넘겼기에 견학 의뢰가 들어오면 대부분 처음 가보는 동네였다.

구글 맵을 보면서 길을 건너려다가 우측에서 오는 차를 미처 보지 못해 치일뻔한 아찔한 날도 있었다. 일본은 차선 방향이 반대이므로 주의해야 한다. 그리고 빙판길에 트위스트를 추면서 안내하는 날도 있었다.

그럼에도 도쿄 이곳저곳을 걸으면서 한 군데 한 군데 알아가는 것이 즐거웠다. 외근과 내근이 적절한 조화를 이룬 점도 최고였다. 가능하다면 이곳에서 취업비자를 받을 수 있지 않을까 내심 기대했다.

입국 3주 만에 첫 이사, 세타가야구 코마자와 대학 근처로

연말연시 휴가가 시작하기도 전에 사택을 이사해야 한다는 통보를 받았다. 이유는 사택 건물의 관리회사가 바뀌기 때문이라고 했다. 그제서야 회사가 운영하는 셰어하우스의 소유주가 따로 있다는 사실을 알게 됐다. 칸다 컨설팅 회사 사람에게 이 사실은 얘기했더니 일단 '텐쿄토도케(転居届)'라는 우체국 서비스를 신청하라고 했다. 이 서비스는 1년 동안 이전 주소에 도착하는 우편물을 새로 이사한 곳으로 재배달해 준다고 했다.

크리스마스를 며칠 앞두고 코마자와 대학 역 근처 사택으로 이사했다. 새 사택은 해바라기 샤워기가 설치된 신축 건물인 데다가 토시마엔과 비교해서 훨씬 세련된 번화가에 있었다. 인근에 코마자와 올림픽 공원이 있고 걸어서 산겐자야까지 금방 갈 수 있었다.

살기 좋은 동네에 왔다는 생각에 들떠 크리스마스트리도 꾸몄다. 그리고 곧장 근처 피트니스 센터에 등록했다. 기왕 해외에 나왔으니 제 몸 하나 잘 건사하겠다는 심산에서였다.

도쿄에는 체인형 짐(ジム, gym)이 많은데, 24시간 이용이 가능하며 같은 체인의 다른 지점을 이용할 수 있는 시스템이 주류를 이루고 있었다. 내가 가입한 피트니스 센터도 그런 타입이었는데, 이때 여기에 가입한 것을 두고두고 다행으로 여기게 되었다.

회사 도산의 날, 야반도주하듯 이사하는 나날들

지금 떠올리면 코마자와 사택에서 지낸 두 달이 워홀 중 가장 평온한 시기였던 것 같다. 도쿄에 기록적인 눈이 와서 오모테산도역 환승구간에서 2시간 넘게 열차 탑승을 기다린 것 말곤 별다른 사건이나 걱정 없이 지냈다.

그러던 2월 마지막 날, 오타구 센조쿠이케 사택으로 거처를 옮기게 되었다. 코마자와 사택이 지난번처럼 건물 관리계약이 해지되었기 때문이었다.

그날은 평일 근무를 끝내고 부랴부랴 이사했는데, 야반도주하면 딱 이런 기분이려나 싶었다. 짐은 2시간 만에 전부 쌌다. 센조쿠이케 사택에서는 언제 또 이사할지도 모른단 생각에 짐을 박스째로 둔 채 지냈다. 아니나 다를까 3월

말에는 이타바시구 혼쵸에 있는 사택으로 이사했다.

그리고 4월, 회사가 회생을 신청했지만 기각되었고 5월에 파산했다. 보도진의 취재를 막기 위해 회사 입구 쪽 유리가 블루시트로 가려졌다. 연일 뉴스에는 내가 다니던 셰어하우스 회사가 파산에 이르기까지 일련의 사건들을 재구성해 보도하고 있었다. 이 셰어하우스 회사는 새롭게 법인을 만들어 남아있는 관리부동산을 끌어오긴 했지만 그 규모가 20분의 1 수준으로 줄었던 것으로 기억한다.

외국인 사원들은 뿔뿔이 흩어졌고 나도 일터를 잃었다. 몇 번의 이사 끝에 간소해진 짐을 들고 코엔지(高円寺)로 이사했다. 처음으로 스스로 계약한, 도쿄에서의 다섯 번째 집이었다.

나를 버티게 한 것들

험난한 그 시절, 나를 버티게 한 것은 당시 일하고 있는 일터가 또 한 곳 있었다는 점이었다. 마음속에서 백업 플랜쯤으로만 생각했던 컨설팅 회사다. 그곳 사람들은 좋게 말하자면 사람들이 하나같이 개성이 넘치고 나쁘게 말하면 뒷말을 무척 좋아했다.

그날따라 사장 N상은 "일본에 온 지 얼마 됐다고 벌써 회사가 뉴스에 나올 정도로 보도되다니! 키무상, 이거 대단한 일이야."라고 내 면전에다가 얘기했다. 그렇다고 근무시간을 늘려주진 않았다. 각박한 현실이지만 이것도 내가 선택해서 온 길이렷다. 현실을 봐야겠다고 생각했다. 내겐 아직 워킹홀리데이 비자 기간이 반년 넘게 남아있어서 새로운 일자리를 구할 수 있었다.

워킹 홀리데이 비자의 우수한 점은 외국인이 종사할 수 없는 직업을 제외한다면 어떤 일이든 할 수 있다는 것이다. 반면 취업비자는 제한된 재류 자격이 주어지기에 정해진 범주에서만 일을 선택할 수 있다. '그래, 내 언젠간 무용담처럼 이 이야기를 떠들 날이 올 것'이라고 생각하며 'バイト(아르바이트)'라고 쓰인 웹 페이지를 죄다 섭렵했다.

두 번째 사택 생활 시절에 가입한 피트니스 센터는 내 정신을 유지하는 데 큰 힘이 되었다. 다행히 이사하는 곳마다 근처에 내가 가입했던 헬스장 체인점이 있었다. 체감기온 40도에 육박하는 도쿄의 여름 속에서도 시원한 헬스장에서 실컷 땀을 흘리고 터덜터덜 돌아와 꿀잠을 청했다.

운동하지 않는 날은 근처 패밀리 레스토랑에서 공부했다. 월·수·금 아르바이트, 구직, 운동, 공부. 한국에서의 취준생 시절과 크게 다르진 않지만 어떻게든 버텨보겠단 생각에 필사적으로 지킨 루틴이었다.

도쿄 생활에서 사귄 일본인 친구들도 큰 힘이 되었다. 워킹홀리데이를 준비하던 시기에 부족한 일본어 실력을 늘리기 위해 HelloTalk(헬로우톡)이라는 원어민과 채팅할 수 있는 언어교환 앱을 사용했다. 한국어를 배우고 싶어 하는 일본인들과 교류하면서 말하는 연습은 물론, 도쿄에 거주하기 시작한 뒤로 거의 주말마다 HelloTalk으로 알게 된 일본인 친구들을 만나러 다녔다.

그중 가장 많이 친해진 일본인 A언니는 한국 워킹홀리데이 경험이 있어서 얘기가 무척 잘 통했다. 나의 제안으로 매주 한 번씩 오테마치 혹은 아카사카역 근처에 있는 스타벅스에서 스터디를 하기로 했다. 나는 아사히 신문의 사설인 천성인어(天声人語)를, 언니는 한국어 교재를 공부했다.

A언니는 어머니가 나를 보러 도쿄까지 오신 날, 나리타 공항에 면세품을 두고서 온 사실을 도쿄까지 들어와서야 알게 됐는데 직접 공항까지 연락해서 찾아주기도 하는 등 공부에서 일상생활까지 내 일본 생활에 큰 도움을 주었다.

언어교환 애플리케이션 적극적으로 활용하기

사람과 얕게 얘기하고 두루두루 친해지는 것을 어렵지 않게 생각하는 내 성격은 일본 생활에 있어서 장점이라고 생각한다. 하지만 언어 자체가 안되면 이런 성격도 아무 쓸모가 없다.

나의 첫 일본 방문은 홀로 떠난 5박 6일 도쿄 여행이었는데, 하루에 2천 엔도 하지 않는 아사쿠사바시의 싸구려 게스트하우스에서 숙박하며 앞으로 어디에 집을 구할지를 위주로 사전탐방을 했다. (셰어하우스 면접을 보기 전이었다)

그 여행에서 가장 절실하게 느낀 건 나의 부족한 일본어 실력과 이야기를 나눌 친구의 필요성이었다. 무엇보다 일본어 말하기에 익숙해져야겠다는 생각이 들었다.

한국에 돌아와서 조급한 마음으로 전화 일본어와 더불

어 앞서 언급한 HelloTalk 앱을 적극적으로 사용했다.

HelloTalk엔 당시 한국어 레벨이 초급수준인 일본인 여성 유저가 많았기에 어느 정도 일본어를 말할 수 있는 나는 그들과 일본어로 많은 대화를 나눌 수 있었다.

전화 일본어는 선생님과 학생이라는 관계에서 내가 말한 내용을 첨삭 받을 수 있고 친절하다는 장점이 있었고 HelloTalk로 하는 대화로는 실전 일본어 잡담 스킬을 성장시킬 수 있었다. 그 시절 내 형편없는 일본어를 인내심 있게 들어준 모든 분께 진심으로 감사 말씀 드린다.

알바왕의 서막

컨설팅 사무실은 기존대로 주 3회 출근하면서 추가로 할 수 있는 다른 일을 찾았다. 내가 워홀 기간에 했던 아르바이트는 다음과 같다.

① 영어 회화 애플리케이션 제작 아르바이트

② 서류 봉투 주소 쓰기 아르바이트

③ 한인타운 추석 떡집 아르바이트

④ 화장품 포장 아르바이트

⑤ 어린이 캠프 진행 보조 아르바이트

⑥ 콘퍼런스 통역

⑦ 웹툰 번역, 로컬라이징 감수 아르바이트

⑧ 회사 영수증 쓰기 아르바이트

그리고 당시 한국의 배민 라이더스와 비슷한 우버이츠 배달 아르바이트를 꼭 해보고 싶었는데 자전거가 없어서 결국 포기했다.

가루이자와 사원 여행

컨설팅 회사엔 외부에서 손님이 찾아오는 일이 잦았다. 그런데 단골손님인 모 전문학교 교장 선생님의 초대로 사원 모두 가루이자와로 사원 여행을 가게 됐다.

주말, 도쿄역에서 신칸센을 타고 한 시간 만에 도착한 가루이자와는 관동을 처음으로 벗어나 밟은 곳이었다. 우리는 가루이자와 역 아울렛을 한바탕 돌고서 저녁 시간에 맞춰 교장 선생님의 별장으로 향했다.

가루이자와 별장에서 만나 뵌 교장 선생님 부부에게서 버블시대의 향기를 느꼈다고 하면 과언이려나. 집이며 설비며 대접받은 음식들까지 하나같이 고집이 느껴졌다.

융숭한 대접을 받으며 즐긴 홈파티 속에서 언젠가 나도 이런 대접을 평범하게 할 수 있는 사람이 되고 싶단 꿈이 생겼다. 다음날, 홀로 미스트 같은 빗속에서 야외 러닝을 하면서 가루이자와의 새벽 공기를 한껏 누렸다.

공교롭게도 도쿄로 돌아가는 날 태풍 경로가 도쿄를 직통으로 훑고 간다는 예보가 나오면서 JR을 비롯한 여러 전철회사에서 도쿄 전철의 계획 운휴(운행 중지)를 발표했다. 듣자 하니 계획 운휴는 도쿄에서 처음 있는 일이라고 했다. 사원 여행의 끝이 태풍과 전철 운행 중지라니. 스펙타클한 여행 마무리였다.

워홀 끝, 취업비자 획득 그 후

시간은 흘러 흘러 워홀 비자가 2달이 채 남지 않은 시점에 컨설팅 회사가 칸다에서 요츠야로 이사하게 되었다. 경영 부진으로 사장과 부사장이 갈라서게 된 것이다.

부사장이 기존 법인을 가지고 옮겨가면서 나도 요츠야로 장소를 바꿔 출근하게 되었다. 그리고 좋은 조건으로 근로계약을 제시한 요츠야의 컨설팅 회사에서 취업비자를 받게 되었다.

그러나 회사는 취업비자로 고용을 한 후로도 근로계약 내용을 무시하고 아르바이트 시급으로 급여를 지급했다. 그렇게 두 달을 버티다가 결국 회사를 나왔고 마지막 달 급여는 받지도 못했다. 다행히 전화위복으로 시부야에 있는 광고대행사로 전직에 성공, 현재 마케팅부에서 계약관리와 광고 매체 관리 업무를 주로 하며 근무하고 있다.

워홀 이야기를 무용담처럼 하다 보면 용케 일본에서 살 생각을 했네! 라는 반응을 받고는 한다. 그러면 매운 걸 잘 못 먹어서 그렇다고 웃어넘긴다. 하지만 사실 도쿄를 좋아해서 그런 것 같다.

나는 군마보다 더 먼 곳으로 가본 적도 없는 도쿄 촌것이지만 셰어하우스 아르바이트 시절 이곳저곳 견학 안내를 하면서 도쿄 23구 안으로는 꽤 빠삭하다. 워홀로 온 첫날 죽을 듯이 헤매던 이케부쿠로 서쪽 출구는 이젠 눈 감고도 거닐 수 있고 JR요요기역과 도쿄메트로 요요기공원역이 엄연히 다름을 도쿄가 익숙하지 않은 일본인에게 귀찮을 정도로 설명할 수 있다.

물론 일본 생활에서 무력감에 빠질 때도 있다. 메일 한 통 쓸 때 걸리는 시간이 지나치게 길어질 때, 일본인 친구가 하는 말을 한 번에 못 알아들을 때, 여전히 모르는 것이 많다는 것을 자각할 때, 상당히 드라이한 일본인을 마주할 때면 기분이 가라앉곤 한다.

그럴 때는 정성 들여 먹고 싶은 요리를 만들기도 하고 정리 정돈과 청소를 싹 해서 기분전환을 하거나 복싱 글러브를 끼고 서로 통성명 한번 하지 않은 사람들과 미트를 치고받으며 땀을 흘리기도 한다.

해외 생활을 염두에 두고 있다면 몸 건강이 가장 중요하니 필사적으로 사수해야 한다고 말씀드리고 싶다. 하드웨어가 받쳐줘야 소프트웨어가 잘 돌아갈 수 있는 것처럼 말이다. 그리고 작은 성공을 하나씩 성취해가면서 점점 가능성과 꿈을 키워나가면 분명 자신이 꿈꾸던 수준에 이를 수 있을 것이라 확신한다. 워킹 홀리데이 경험이 내게는 그

작은 성공 중 하나였다.

오늘도 나는 사랑하는 도시 도쿄에서 하루를 보낸다.

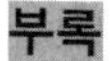

Tip. 대학교 졸업 전/후 워킹 홀리데이의 장점, 단점

나는 대학교를 졸업한 후 워킹홀리데이 비자로 일본에 가서 현지 취업을 한 케이스이다. 일본 취업을 원하는 사람이라면 대학교 졸업 전/후에 따라 워킹홀리데이를 활용할 수 있는 방법이 달라지기에 본인의 상황에 따라 워킹홀리데이 제도를 잘 활용하는 것이 좋다.

① 대학교 졸업 전 워킹홀리데이

· 장점 : 워킹홀리데이 경험을 살려 신졸 채용 전형에 응모할 수 있다. 일본 대기업의 경우 신입사원 채용은 대부분 졸업하기 전인 4학년생을 대상으로 하는 경우가 많다. 일부 기업은 졸업 후 1~2년 미만인 사원을 대상으로 제2 신졸 전형을 하는 경우가 있지만 일반적인 신졸 채용과 비교해 모집 정원이 확연히 적다. 따라서 3학년을 마치기 전까지 워킹홀리데이로 현지에서 경험을 쌓는다면 신졸 채용에 응해볼 수 있다는 장점이 있다.

· 단점 : 졸업하기 전에 워킹홀리데이를 갔는데 도중에 정말 일하고 싶은 회사를 발견해도 곧장 입사할 수 없을 가능성이 있다. 학사를 졸업해야 취업비자가 나오는 경우가 많기 때문이다.

② 대학교 졸업 후 워킹홀리데이

· 장점 : 현지에서 취업 활동을 적극적으로 할 수 있다. 워킹홀리데이 비자에서 바로 연이어 취업비자를 받을 가능성이 높다.

· 단점 : 이미 졸업을 했으므로 신졸 전형을 실시하는 회사는 신입으로 채용되기 어렵다. 의지와 노력이 있다면 경력직 이직을 노리는 것도 한 방법이다.

Tip. 일본 생활 조언

① 어떤 계약서든 잘 읽고 잘 보관하기. 특히 부동산 계약, 피트니스 센터 계약 등 언젠가 해지해야 하는 서비스에 관련된 계약서는 별도 파일에 보관해두는 게 좋다.

② 비자를 신청할 때는 입국관리국에 서류를 제출하기 전에

미리 복사해두고 내용을 보관하는 것이 좋다. 다음번 갱신 때 제출하는 서류가 이전 신청 때의 서류와 오차가 생기는 것을 되도록 방지하기 위해서다.

③ 비거주자 원천소득세율 20.42%가 적용되는 경우, 연말정산 혹은 다음 해 확정신고로 일부분 돌려받을 수도 있다.

④ 일본 생활용으로 Gmail 어카운트를 새로 하나 만드는 것을 추천한다. 네이버 메일은 간혹 일본 서비스와 호환이 안 되는 등 메일이 도착하지 않을 수 있다.

⑤ iPhone을 쓴다면 Siri를 일본어로 설정하면 일본어 발음 연습을 할 수 있다.

⑥ 넷플릭스에서 일본 작품을 볼 땐 원어(일본어) 자막 기능을 활용해서 보면 좋다. (추천 작품 : 테라스하우스)

⑦ 일본은 차선 방향이 한국과 반대이고 직진 신호일 때만 차가 좌회전 할 수 있다.

⑧ 차보다 무서운 게 자전거다. 인도에서 걷다가 방향을 바꿀 땐 뒤를 확인하는 것이 좋다.

⑨ 가게 내부 사진을 찍을 땐 직원에게 물어보고 찍는 게 예의인 경우가 많다.

⑩ 모르는 건 부끄러워 말고 뭐든 당당히 물어보는 것이 좋다.

CHECK&STRIPE
SPECIAL SEWING BOOK

일본에서 좋아하는 일을 하며
산다는 것

김희진

도쿄
워홀 기간 2017.3~ 2018.3

일본이 좋아서 틈만 나면 일본 여행을 다니고 일본어 교육, 일본어 통역·번역, 일본 여행 에디터 등 일본과 관련된 일을 하며 살아가고 있다. 인생에 한 번쯤 일본에 살며 직접 일본을 느껴보고 싶어 다니던 회사를 그만두고 워킹홀리데이로 도쿄에 오게 되었다. 워킹홀리데이 1년으로는 일본을 느끼기에 부족했다는 아쉬움과 한 번 더 일본에서의 사계절을 느껴보고 싶어 도쿄에 있는 IT 기업에 취업했다. 1년만 더 1년만 더 하다가 어느새 도쿄에 거주한 지 4년째다. 본명보다는 '순두부'라는 닉네임으로 활동하고 있다. 기록하는 것을 좋아해 네이버 블로그 '소녀감성 순두부의 다락방'을 13년 동안 운영 중이다. 블로그에서 일본에서의 일상, 일본 여행, 일본 드라마 등의 콘텐츠 리뷰, 일본 정보 등을 공유하고 있다. 일본을 걸으며 사진을 찍고 글을 쓰며 일본에 대한 정보를 공유하는 것을 좋아한다. 앞으로도 가능한 좋아하는 일을 하면서 한 번뿐인 인생을 더 반짝반짝 빛내기 위해 살아갈 것이다. 공동 저자로 《한 번쯤 일본에서 살아본다면》, 《걸스 인 도쿄》, 《일본에서 일하며 산다는 것》 세 권을 출간했다.

블로그 https://blog.naver.com/yohhhhj
인스타그램 sunduuuubu
유튜브 순두부의 다락방

일본 워킹홀리데이에서 취업까지

김희진

워킹홀리데이를 간다고 했을 때 누구 하나 찬성하는 사람이 없었다. 늦은 사춘기가 왔냐, 그냥 여행으로 가면 되지 않느냐며 모두가 만류했다. 그 시간에 경력을 쌓아서 다음 회사에 갈 때 더 높은 연봉을 만들어가야 한다고 모두 입을 모아 말했다. 이런 주변의 걱정에도 불구하고 다니던 직장을 그만두고 일본으로 워킹홀리데이를 떠났다. 다른 무엇보다 '28살'이라는 내 나이가 이유였다.

남들이 모두 말렸던 워킹홀리데이였지만, 일본에서의 1년은 내 인생에서 그 무엇과도 바꿀 수 없는 귀중한 방학 같은 시간이었다. 다시 28살로 돌아가서 일본으로 워킹홀리데이 또 가겠느냐고 누군가 묻는다면 단 1초의 망설임도 없이 그렇다고 대답할 것이다.

나이 때문에 워킹홀리데이를 망설이는 사람이 있다면 망설이지 말고 한 번뿐인 인생 하고 싶은 것을 하라고, 후회 없는 1년을 만들면 된다고, 다른 사람의 시선은 신경 쓰지 말고 내 가슴이 뛰는 일을 하라고 말해주고 싶다.

여행과 직접 살아보기는 너무나도 다르다. 워킹홀리데이는 만들기 나름이지만 얽매이는 것이 없어서 자유롭게 좋아하는 나라에서 1년을 살아볼 수 있다. 이 얼마나 좋은 제도인지! 다른 비자에 비해서 일자리에 제한도 없고(물론 바(bar) 등에서 일하는 것은 안 되지만) 원하는 대로 나만의 이야기를 만들어나갈 수 있다.

워킹홀리데이를 조금 더 일찍 알았다면 일본이 아닌 다른 나라에서도 또 즐겨보았을 텐데라는 생각도 했다. 여행으로 느낄 수 없는 것을 워킹홀리데이를 통해서 느낄 수 있다. 처음에는 1년이 길다고 생각했고 가족과 떨어지는 것도 처음이어서 6개월도 살 수 없을 것이라 생각했다. 솔직히 말하면 1년 내내 모든 순간이 행복했던 것은 아니다. 힘듦도 있었고 외로움, 눈물도 있었다. 가족의 소중함을 더 알게 되었고 일본에서 배우고 얻은 것은 정말 많다.

유학 비자로 살면 어학원이나 학교에서 보호받는 느낌이 있고 공부도 제대로 할 수 있을 것이다. 취업 비자면 일로 가는 것이니 매달 들어오는 월급이 보장된 것은 좋지만 지역도 정해져 있고 어딘가 멀리 가고 싶어도 휴가를 써서 가거나 주말에 가야 한다.

직장인으로서 해외 생활이 처음이면 직장도 적응해야

하고 해외 생활도 적응해야 해서 아마 바깥 풍경이 예뻐 보이기까지는 시간이 꽤 걸릴 것이다.

워킹홀리데이는 일본에서 살면서 모든 것을 스스로 고민해서 결정해야 한다. 하지만 그렇기에 그 시간은 개인의 내적, 외적 성장에 큰 도움이 된다. 이런 값진 경험을 좋아하는 나라, 살아보고 싶은 나라에서 해본다는 건 멋진 일임이 틀림없다.

왜 하필 일본일까?

해외로 유학하러 갈 때는 보통 영어를 배울 수 있는 나라를 선호하지만 나는 일본을 선택했다. 많은 일본어 학습자들이 일본어를 공부하게 된 계기로 일본 아이돌이나 애니메이션 등을 꼽는다. 나 또한 흔한 이유이지만 중학생 때 우연히 본 일본 드라마 <고쿠센>을 계기로 일본 아이돌 그룹 아라시(嵐)를 좋아하게 되었다.

아라시를 좋아하면서 자연스럽게 일본 문화를 배우게 되었고 일본에 관심을 가지게 되었다. 또한 그들이 말하는 일본어를 전부 알아듣고 싶다는 마음으로 독학으로 일본어를 공부하게 되었다. 아라시가 웃을 때 같이 웃고 싶었고 아라시가 하는 말 하나하나가 너무 궁금했다. 이 시절 영어를 모국어로 사용하는 아이돌 그룹을 좋아했으면 얼마나 좋았을까 하는 생각도 하지만 이미 돌이킬 수 없을 만큼 그 시절의 나는 아라시에 빠져있었다. 역시 언어 공부를 잘하게 되는 방법은 사랑이 제일 큰 것 같다.

요즘은 영상과 자막이 잘되어있지만 20년 전만 해도 자막도 거의 없었고 누군가 자막을 만들어줄 때까지 기다려야 했다. 그들이 하는 말을 알아듣기 위해서는 일본어 공부가 필수였다. 같은 말을 몇 번이나 반복해서 듣고 사전을 찾아보고 방송에 보이는 모르는 한자도 찾아서 번역했다. 노래 가사도 무슨 내용인지 알고 싶어서 가사를 뽑아서 뜻과 읽는 방법을 다 찾아서 그렇게 흥얼거리면서 공부했다. 대학교도 일본어과를 선택하면서 일본어는 내 무기가 되었고 진로에 큰 영향을 끼쳤다.

내가 좋아하는 아라시가 태어나서 자란 일본을 가보고 싶었고 더 나아가 어린 시절부터 큰 영향을 준 일본에서 한 번쯤 살아보고 싶었다. 대학 시절 인턴십 프로그램으로 일본에 갈 기회가 있었지만 동일본대지진의 영향으로 모든 일정이 취소되었다. 동일본대지진 이후에 급하게 복수전공을 선택해서 경영학을 새로 배우면서 일본어와 일본은 나에게서 조금씩 멀어지기 시작했고 여행으로 몇 번 가는 것으로 충분하다고 생각하며 일본에서 살아보고 싶다는 마음을 봉인하게 되었다.

워킹홀리데이를 떠나야겠다고 결심한 계기

대학을 졸업하고 취업을 했다. 매일 반복되는 야근으로 밤늦게 퇴근해서 지하철에 몸을 실어 졸면서 집에 가는, 하루하루 겨우겨우 버티며 살아가는 그런 흔한 대한민국의 신입사원이었다. 즐거운 일도 없었고 취미를 즐길 여유도 없었다.

그렇게 회사원의 역할을 꾸역꾸역해내던 어느 날, 한일교류 프로젝트로 일본 출장을 가게 되었다. 회사원이 되고 오랜만에 방문한 일본은 비록 일하러 간 것이지만 잿빛이었던 내 마음을 꽃분홍으로 물들이기에 충분했다.

일본에 도착하자 나를 반기는 일본어와 일본 특유의 냄

새, 친절한 공항 사람들, 일본어 등 모든 것에 마음이 설레었다. 일이 고되어도 무언가 마음 한편은 계속 설렘이 계속되고 기분이 좋았다.

통역 일을 주로 했는데 일본인 할머니가 자기 말을 전해줘서 고맙다며 손을 잡고 눈물을 흘리셨다. 그 눈물은 물론, 출장 간 곳에서 함께 일했던 일본인 스태프들의 상냥함과 따뜻함에도 큰 감동을 받았다. 일본인 친구도 많이 사귀게 되었고 출장을 다녀와서도 연락을 주고받으며 친하게 지냈다.

출장을 다녀온 이후 일본에 한 번쯤 살아보고 싶다는 마음이 강해졌다. 이리저리 알아보니 유학, 취업, 워킹홀리데이라는 방법이 있었다. 유학은 금전적인 부분이 걱정되었고 취업은 자신이 없었다. 그래서 선택한 것이 워킹홀리데이였다.

응모 조건에는 만 25세까지 신청을 받지만 부득이한 사정이 있다고 인정되는 경우는 30세 이하면 접수 가능하다고 적혀있었다. 워킹홀리데이 접수를 할 당시 나이는 만 25세였기에 떨어지면 그다음에는 붙을 확률이 더 낮아진다고 생각했고 바로 서류를 준비했다. 그리고 워킹홀리데이 비자를 받게 되었다. 지금 생각하면 워킹 홀리데이의 계기가 된 일본 출장도 운명처럼 느껴진다. 회사를 그만두고 워킹홀리데이로 떠날 준비를 하기 시작했다.

워킹홀리데이 가기 전 준비

봄에 일본을 여행해본 적이 없고 질릴 정도로 벚꽃을 보며 여유롭게 즐기고 걷고 싶었다. 출발해서 짐 정리를 하고 어느 정도 적응하면 딱 벚꽃이 피어 있을 것 같았기에 3월 초에 떠나기로 했다.

지역은 망설임 없이 도쿄로 정했다. 도쿄는 표준어를 사용하고 외국인이 많기 때문이다. 그리고 친한 일본인 친구들이 거주하고 있었다. 일자리를 구할 때도 도쿄가 외국인에게 조금 더 기회가 많을 것 같았다.

워킹홀리데이를 떠날 시기와 장소를 정한 후에는 해야 할 일 체크리스트를 만들었다. 워킹홀리데이를 떠나기 전에 한국에서 해야 하는 일들도 있다. 일본에서도 사용 가능한 체크카드 만들기, 일본 도장 만들기다. 일본에서 군이 돈을 뽑을 일이 없다면 체크카드를 만들지 않아도 되겠지만 사람 일이라는 것이 어찌 될지 모르니 만들었고 지금도 일본에서 잘 사용하고 있다.

일본은 가끔 보면 시대를 역행하고 있는 것 같이 여전히 도장을 많이 사용하고 입사 필수품에도 도장이 있었다. 재택근무를 하는 기업에서도 도장 하나 찍으려고 출근하기도 한다. 워킹홀리데이로 일본에 입국해서 비자를 받을 때 도장을 찍어야 하고 집을 계약하거나 은행 계약 등에서도 도장이 필요하기에 귀찮아도 만들어 가면 편하다.

체크카드 만들기, 도장 만들기를 끝내고 나서 일본에서 살 집을 어떻게 해야 할지를 정해야 했다. 보통 셰어하우스에 입주를 많이 하는데 셰어하우스 월세로 원룸을 충분히 구할 수 있어 보였다. 누군가와 살면 분명 스트레스를 받을 것 같아서 혼자 마음 편하게 살 수 있는 원룸을 택했다. 도쿄에 사는 다른 친구는 외로움을 많이 타는 편이라 셰어하우스에서 3년 넘게 잘 살고 있다. 한국어로 대응해주는 셰어하우스 업체도 많으니 상담받기도 편하다. 모든 것이 갖추어져 있는 네오팔레스도 있고 한인 민박도 있다.

일본에서 호텔 같은 곳에서 숙박하면서 집을 찾을 자신도 없었고 아직 익숙하지 않은 일본에서 살 집을 찾느라 고생하고 싶지 않아서 한인 부동산을 통해서 한국에서 계약을 진행했다. 내가 가려는 3월은 매물이 많이 없는 시기여서 12월부터 집을 찾기 시작했고 1월에는 임시계약을 끝냈다. 한인 부동산에서 여러 매물을 소개해주었고 각 집의 장단점도 솔직하게 말해줘서 고르기 편했다.

특히 여자면 보안이 철저한 곳을 추천한다고 해서 오토록이라는 맨션 입구 현관 잠금장치가 있는 곳을 추천해주었다. 실제로 살아보니 맨션 입구에 현관 잠금장치가 있다는 것은 정말 든든했다.

일본에서는 한국과 다르게 집을 직접 보러 갈 수 없는 곳이 많아서 사진으로 판단해야 했는데 내가 입주한 집은 사진과 별로 다르지 않았다. 한인 부동산에 대한 악평도 있는데 개인적으로는 한국에서 계약할 수 있고 워킹홀리데이 비자를 받고 부동산을 이용하는 사람들이 많다 보니 이분들도 노하우가 쌓여있어서 여러모로 이용하기에 편했다.

이때 계약한 집을 벌써 재계약을 2번이나 해서 4년 넘게 살고 있다. 한국을 떠나 일본에 도착해서 바로 입주 가능한 집이 있다는 사실이 너무 든든했다. 특히 짐을 보낼 때 EMS로 보내면 너무 비싼데 선편으로 보내면 저렴했기에 선편으로 입주 예정인 집으로 미리 짐을 보낼 수 있는 것도 좋았다.

일본에서 살 수 있는 것들도 많았지만 불안한 마음에 한국에서 많이 준비해서 보냈다. 돌이켜 생각해보면 자잘한 것들은 일본의 100엔 숍에서도 충분히 살 수 있으니 큼지막한 것들만 보내도 괜찮았을 것 같다. 집에 있던 자주 사용하던 펜이라든지 가위, 풀도 챙겨서 보냈을 정도였다. 그래도 꼼꼼히 많이 준비해간 덕분에 첫 자취를 가뿐하게 시작할 수 있었다.

일본에서의 첫 시작

일본으로 떠나는 날이 다가오면 다가올수록 설렘보다는 우울한 감정이 나를 감쌌다. 내가 선택한 길이지만 타국에서 살아야 한다는 불안함과 가족을 두고 떠나야 한다는 점이 우울함의 원인이었다. 집도 계약했고 항공권도 예약했으니 돌이킬 수 없었다.

일본으로 떠나던 날의 기억은 아직도 선명하다. 온종일 눈물바다였기 때문이다. 집을 나서기 전에 화장실에서 이를 닦으면서도 짐을 이고 집을 나서면서도 공항에서 엄마와 헤어지고 비행기를 타서까지 계속 울었다.

엄마와 헤어질 때 공항에서 흘리는 엄마의 눈물이 내 눈물을 더 자극했다. 나쁜 일 하러 가는 것도 아니고 미래의 나를 위해서 더 좋은 경험을 하러 가는데도 어찌나 마음이 아프던지. 한국에 엄마를 두고 해외로 떠나와서 불효하고 있다는 생각에 일본에 거주한 지 4년이 지난 지금도 여전히 마음이 아프다.

여행을 떠나며 신나있는 사람들 속에서 나는 계속 울었다. 일본에 도착해서도 눈물은 가득했지만 울고만 있을 수는 없었다. 모든 일을 혼자서 해결해야 했기 때문이다. 짐이 너무 무거워서 눈물이 나오다가도 걷다 보니 쏙 들어갔다. 입국할 때는 관광 비자로 온 사람들의 절차가 끝난 후 가장 마지막으로 워킹홀리데이 비자 입국 허가를 해주었다. 무사히 재류 카드를 받고 상륙 허가도 떨어졌다.

나리타에서 도쿄역까지 1,000엔 버스를 타고 이동했는데 한국인 친구가 마중 나와줘서 도쿄 상륙 첫날은 친구와 함께 있을 수 있어 든든했다. 일본인 친구도 한국인 친구도 모두 도쿄에 있어서 첫 일본 생활은 그들의 도움을 많이 받았다. 그래도 정식적인 집 계약부터 인터넷 계약, 핸드폰 계약, 통장 만들기 등은 혼자서 처리했다. 물론 친구들이 따라와 주기는 했지만 말이다.

워킹홀리데이로 일본에 도착해서 반드시 해야 할 일 3종 세트가 있다. 첫 번째는 거주할 구의 구청에 가서 재류 카드에 본인이 거주할 일본 주소를 등록해야 한다. 두 번째로는 핸드폰 번호 만들기를 해야 한다. 요즘은 인터넷으로도 신청할 수 있는데 처음에는 불안해서 직접 빅카메라나 요도바시 카메라 같은 큰 매장에 가서 계약하고 일본 핸드폰 번호를 만들었다. 많은 외국인이 빅쿠로 같은 곳에서 핸드폰을 개통하기에 외국인 대응에 능숙한 스태프가 많아서 쉽게 만들 수 있었다.

핸드폰 개통 회사 중에는 일본 거주가 6개월이나 1년 이상 지나지 않으면 안 되는 곳이 많으니 잘 알아보고 가는 것을 추천한다. 핸드폰 번호를 만든 후 세 번째로 동네 은행에 가서 일본에서 사용할 통장을 만들었다. 회사에 다니면 회사 근처의 회사가 지정한 은행에서 통장을 만드는데 워킹홀리데이는 대부분 직장이 없이 오니 거주하는 곳 근처에서 만들면 된다.

사실 외국인으로서 통장 만들기는 쉽지 않다. 보통 6개월 이상을 거주해야 만들어주는데 내가 사는 동네에 있는 UFJ 미쓰비시 은행에서는 바로 통장을 만들어 주었다. 이것도 지점에 따라 방침이 달라서 집 근처 은행을 방문해서 직접 물어보는 게 좋다. 우체국 통장 만들기가 쉽다는 말도 있는데 나는 우체국 통장은 개설 못 했다. 거주 기간이 짧다는 것이 이유였다.

통장을 만들 때 체크 카드도 같이 만들었다. 일본의 카드는 크게 데빗카드, 캐쉬카드, 신용카드 3종류가 있다. 데빗카드란 한국에서 말하는 체크카드 개념이고 캐쉬카드는 금전 거래를 할 수 없고 오로지 ATM에서 돈을 빼거나 돈을 입금하는 용도로만 사용할 수 있다.

은행에서 계약한 날 통장은 바로 받을 수 있는데 데빗카드와 캐쉬카드는 바로 받을 수 없고 나중에 집으로 우편 형식으로 받아볼 수 있다. 한국에서는 바로 받을 수 있는데 일본은 정말 이런 것 하나하나가 너무 느려서 처음에는 속 터져 죽는 줄 알았다. 아마 일본은 10년이 지나도 이럴 것 같다.

지금은 일본의 느림도 나쁘지 않다고 생각하게는 되었지만 가끔은 정말 답답하고 이해 안 되는 일이 있어서 이해하는 것을 포기했다. 그래도 다행인 것은 혹시 카드를 택배로 못 받더라도 재배송 신청이 가능해서 원하는 날짜, 원하는 시간으로 다시 신청해서 받을 수 있다. 이렇게 3종 세트를 끝내면 일본에서의 중요한 첫 시작이 마무리된다.

일본에서의 아르바이트 경험

일본에서 무직으로 계속 돈을 쓰고만 있을 수는 없었다. 일본에서 더 많은 경험을 하기 위해 돈이 필요하기도 하고 가보고 싶은 곳을 가는 것도 돈이 들기에 이런저런 이유로 아르바이트 자리를 구해야 했다.

어느 정도 일본어가 되는 사람들은 일본인이 많이 일하는 곳에서 일자리를 구하고 일본어에 자신이 없는 사람들은 한국 식당이나 한인 타운에서 일하는 경우가 많았다.

개인적으로는 일본어가 부족해도 용기를 내어 한국 식당이나 한인 타운이 아닌 곳에서 일하는 것이 더 좋다고 생각했다. 아니면 한인타운이 아닌 다른 장소에 있는 한국 식당이면 같이 일하는 동료들이 일본인일 경우가 많아지니 조금 더 시야도 넓어지고 일본어 실력도 늘어나리라 생각한다.

일본인들과 같이 일하면 일본어는 물론 일본 문화도 동시에 배울 수 있어서 좋다. 한마디도 못 하는 사람이면 어느 정도 일본어를 배우고 나서 도전하는 것이 좋겠지만 JLPT(일본어 능력 시험) N3 정도의 실력이면 일본인과 일해도 괜찮으리라 생각한다.

나는 JLPT N1을 가지고 있었지만 일본에서 일하면서 배우게 된 새로운 일본어가 많았다. 실제 생활에서 배우는 일본어는 더 잘 기억되고 언어 자체뿐 아니라 분위기나 뉘앙스까지 습득하게 되니 말 그대로 '살아있는 일본어'였다.

인터넷이나 드라마를 통해서 배웠던 일본 문화를 직접 일하면서 경험해 보니 신기하고 재미있었다.

일본인들은 대체로 다른 사람에게 무관심한 편이고 오지랖도 안 부리지만 이런 이유로 쉽게 친해지기는 어렵다. 일본인 친구를 사귀려면 많은 노력이 필요하다. 나는 같이 일하는 동료들에게 먼저 다가가서 말을 걸고 질문도 많이 했다. 상대방에 따라서는 귀찮아할 수도 있으니 상황을 잘 판단해서 친구 만들기에 도전해보면 좋을 것 같다. 같이 일하다 보면 정도 생기고 이야기도 하게 되니 금방 친해질 수 있으리라 생각한다.

미디어나 뉴스에 나오는 일부 편향된 기사와는 다르게 실제 살아보면 한국인을 싫어하는 일본인은 별로 없다고 생각한다. 일단 개인주의가 심하다 보니 타인에게 관심 없는 사람이 많아서 한국인이라고 해서 특별하게 싫다 좋다를 생각하지도 않는다. 적어도 내가 만나온 사람들은 그랬다. 오히려 한국을 좋아하고 한국 드라마도 챙겨보는 사람이 많으니 미리 걱정하지 말고 일본에 간다면 용기를 내서 일본인 친구를 만들어보길 바란다.

일본 넷플릭스 드라마 순위에는 항상 한국 드라마가 있고 한국 아이돌의 인기도 엄청나다. 한국을 좋아하는 친구들과는 더 친해지기 쉬울 것이고 딱히 한국을 잘 모르더라도 다른 주제로 다가가면 좋을 것 같다.

아르바이트를 찾는 방법은 앱이나 인터넷을 이용하는 방법도 있고 역에 놓여있는 타운 워크같은 잡지에서 찾는 방법도 있다. 나는 핸드폰으로 찾는 것이 편해서 앱을 이용해서 아르바이트 자리를 찾았다. '바이토루'라는 앱을 주로 이용했다.

교육에 관심이 많았고 전에 일했던 회사도 교육 관련 업체여서 비슷한 일을 위주로 찾았다. 특히 일본 초등학생들은 어떤 교육을 받는지 궁금해서 관련 일을 찾다가 한국의 방과 후 교실 같은 곳에서 아이들을 돌보는 아르바이트를 구할 수 있었다.

취업 비자는 직무에 따라서 종류가 나뉘어서 취업 비자 종류에 맞는 일을 반드시 해야 하지만 워킹 홀리데이는 딱히 구분이 없어서 교육 관련 일도 할 수 있었다. 면접은 딱 한 번 보고 바로 합격했다.

응모할 때는 간단한 기본 개인 정보만 내고 면접을 볼 때 다이소 같은 100엔 숍에서 판매하는 이력서를 사서 수기로 적어서 들고 갔다. 면접은 그리 어렵지 않았고 교육 관련 일을 했다는 부분을 많이 어필했다.

일본어는 현지인보다 다소 부족하겠지만 점점 세상은 세계화가 되어가고 있으니 아이들이 평소에는 접하기 쉽지 않은 외국인 선생님과 함께하는 시간이 많다면 좋을 것이고 소중한 추억도 될 것이라고 인사담당자가 말해 주었다. 실제로 근무할 때 내가 소속된 곳뿐 아니라 다른 곳으로 파견을 나갈 때도 있었는데 직접 만든 한국 소개 스케치북을 들고 다니며 아이들에게 보여주기도 했다.

일하며 물론 착한 아이들만 있는 것도 아니고 말썽꾸러기들도 있어서 상처를 받을 때도 있었지만 가까이에서 일본 아이들과 교육 현장을 보면서 한국과 다른 점이 무엇인지 많이 배울 수 있었다.

이 외에도 일본어 과외, 통역, 번역, 한국어 강의, 콘텐츠 제작 등을 하면서 워킹 홀리데이 기간을 보냈다. 다양한 일을 하면서 많은 사람을 만났고 이 경험들은 취업할 때도 도움이 되었다.

하나의 일만 하는 것이 아니라 여러 아르바이트를 동시에 하는 것을 일본에서는 '카케모치'라고 부른다. 아르바이트를 하나만 할 것이 아니라 2~3곳에서 다양한 아르바이트를 하는 것도 새로운 경험이 될 수 있을 것 같다.

내가 보낸 워홀 1년을 봄, 여름, 가을, 겨울로 나눠서 조금 더 자세하게 이야기하면 다음과 같다.

내가 보낸 워홀 - 봄

추운 겨울이 지나고 봄이 오기 시작하는 3월, 아침저녁으로는 조금 춥지만 꽃이 막 피기 시작할 무렵 일본으로 왔다. 집을 계약했고 드디어 도쿄에 나만의 공간, 내 집이 생겼다. 복층 구조 집인데 일본 원룸이 그렇듯 좁지만 지은 지 2년밖에 안 되어 깨끗하고 여러모로 만족스러운 집이다.

무사히 입주한 뒤 한동안 집에 필요한 물건을 사고 정리하는 일에 집중했다. 처음에는 택배 상자를 밥상 겸 책상으로 사용하는 생활을 했다. 선편으로 보낸 짐도 입주 후 4

일 만에 도착했고 현지에서 니토리와 아마존 등에서 샀던 물건들도 도착하기 시작했다. 어느 정도 사람 사는 집다워지는데 한 달 정도는 걸렸던 것 같다.

그렇게 집을 꾸며가던 중 스타벅스 벚꽃 신상 음료수를 먹기 위해서 친구와 신주쿠에 놀러 갔다. 신주쿠 남쪽 역 입구 앞에 벚나무가 분홍색 잎을 흩날리며 서 있었다. 일본에서 처음 본 벚꽃의 아름다움을 아직도 잊지 못한다. 바쁘게 가던 길을 멈추고 벚꽃을 촬영하는 사람들을 보면서 봄에 오길 잘했다고 생각했다. 이십몇 년을 한국에서만 봄을 보냈는데 외국에서 봄을 맞으니 새로 태어난 사람처럼 모든 것이 신기했고 일상이 여행이 되는 느낌에 설레었다.

벚꽃이 보고 싶어 3월에 온만큼 본격적인 벚꽃 투어를 하기로 했다. 나카메구로의 벚꽃이 가장 예쁘고 유명하다고 해서 첫 벚꽃 투어 장소로 정했다. 평일인데도 사람이 많았다. 나카메구로역에서 나오자마자 츠타야 서점과 같이 있는 스타벅스가 보였다. 인터넷으로만 보던 스타벅스와 츠타야가 함께 있는 모습이 신기해서 바로 둘러보았다.

책과 커피가 함께 있는 공간에서 여유로운 일상을 보내고 있는 일본인들의 모습이 인상 깊었다.

나카메구로 강을 따라 펼쳐진 벚꽃의 모습이 황홀했다. 떨어진 벚꽃잎으로 나카메구로 강은 사랑스러운 핑크빛으로 물들어 있었다. 얼마 전에는 스타벅스 리저브 로스터리가 나카메구로 강 옆에 생겼다. 스타벅스 테라스 석에 앉아서 보는 나카메구로 벚꽃도 황홀하다.

또 다른 벚꽃 명소로 알려진 곳들은 대부분 공원이다. 나카메구로 다음으로 좋았던 벚꽃 명소는 키치죠지에 있는 이노카시라 공원이다. 이노카시라 공원에는 커다란 호수가 있고 호수 양옆으로 벚꽃이 피어있는데 나카메구로 강과는 다른 느낌으로 아름답다. 공원에 돗자리를 깔고 앉아서 맛있는 음식을 먹으며 벚꽃을 즐기는 하나미(花見)를 하는 사람들이 많았다. 맛있는 것을 먹으며 벚꽃을 즐기는 이 발상이 너무 행복하고 좋아 보였다.

그 밖에도 신주쿠 교엔, 요요기 공원, 우에노 공원, 지도리가후치 등을 다니면서 질릴 만큼 일주일 동안 벚꽃을 만끽했다. 여전히 매년 봄이면 벚꽃 명소를 가게 된다.

봄이 주는 설렘은 나이를 먹어도 여전하고 분홍빛, 흰빛으로 물드는 도쿄의 봄은 여전히 예쁘다.

내가 보낸 워홀 - 여름

봄은 짧았다. 5월이 되자마자 더워지기 시작했다. 생각했던 것보다 일본에서의 여름은 끔찍했다. 한국에서의 여름과는 느낌이 달랐다. 이렇게 날씨가 습할 수 있다는 것을 온몸으로 느꼈다.

원래 더운 것을 싫어해서 여름을 가장 견디기 힘들어한다. 숨이 막힐 듯 푹푹 찌는 더위와 습함, 그리고 기나긴 장마로 우울했다. 그래도 일생에 단 한 번뿐일지 모를 일본에서의 여름을 그냥 흘려보낼 수 없다는 생각에 계획을 세워 활동적으로 보냈다. 일본의 여름은 역시 '마쓰리(축제)' 그리고 '불꽃 축제'다. 이 두 가지를 마음껏 즐겨보겠다고 다짐했다.

여름에는 지역마다 다양한 축제와 마쓰리가 열리고 불꽃 축제 일정이 발표된다. 지인과 함께 아다치구와 에도가와구에서 열리는 불꽃 축제에 다녀왔다. 아사쿠사에는 수

많은 기모노나 유카타를 대여해주는 가게가 있는데 우리도 유카타를 대여했다. 유카타 대여를 예약할 때 머리도 함께 꾸며주는 서비스를 선택해서 머리도 예쁘게 꾸몄다.

당일에 유카타를 반납 안 하고 집까지 가져가서 다음 날 택배로 보내면 되는 서비스도 추가해서 이용했다. 덕분에 낮에 유카타를 빌려서 입고 불꽃 축제하는 날을 온종일 즐길 수 있었다.

유카타를 입으니 예쁘긴 했지만 너무 더웠고 피부가 약해서 살이 다 짓물렀다. 그래도 후회는 없다. 수많은 사진과 함께 일본에서의 여름을 멋진 추억으로 남겼다. 일본에서 처음 본 대형 불꽃놀이는 지금도 잊히지 않는다.

하늘을 수놓은 불꽃, 그리고 유카타를 입고 즐기는 많은 사람들. 유카타 오비 뒤에 부채를 꽂고 걷는 사람들도 많아서 신기했다. TV나 드라마, 애니메이션에서나 보던 풍경이 실제로 눈앞에 펼쳐져서 그저 황홀했다.

그 밖에도 아사쿠사 등불 축제, 재즈 페스티벌, 크고 작은 마쓰리들이 이곳저곳에서 열려서 인터넷을 보고 정보를 찾아서 갈 수 있는 곳은 다 방문했다.

가장 기억에 남는 여름 마쓰리는 가와고에 백만 등 축제다. 미쓰코시를 매고 전진하는 모습도 보는 등 일본 전통 마쓰리를 온전히 즐길 수 있었다.

가와고에는 일본 에도 시대를 재현한 곳으로 유명하다. 고즈넉한 분위기가 너무 좋았다. 특히 가와고에 히카와 신사는 여름이면 신사 이곳저곳을 풍경으로 장식한다.

처음에는 이 풍경을 보려고 가와고에에 가고 싶었는데 마침 백만 등 축제도 열린다 해서 축제일에 맞춰서 가와고에를 방문했다. 히카와 신사는 인연을 맺어주는 신사로도 유명해서 커플들을 많이 볼 수 있었다. 좋아하는 풍경이 예쁘게 꾸며진 히카와 신사가 너무 마음에 들었다.

한 번으로는 부족해서 2주 뒤에 한 번 더 가와고에를 방문했다. 가와고에 거리에서 마음에 드는 풍경도 하나 사와서 지금도 여름이 되면 꺼내놓고 여름 소리를 즐긴다.

일본의 여름은 덥지만 그래도 다행인 것은 전기세가 저렴해서 에어컨을 빵빵하게 틀어도 전기세가 미친 듯이 많이 나오지는 않았다. 에어컨을 가장 많이 틀었을 때도 한 달에 5천엔(한화 5만 원 정도) 정도가 최고치였다. 평소에는

2,000엔 정도를 냈다. 그렇게 여름 축제와 함께 빛나는 추억으로 물든 여름도 서서히 지나가고 있었다.

내가 보낸 워홀 - 가을

가을은 일본에서 여행하기 가장 좋은 계절이다. 일본에서 4년째 사는 지금도 가을에는 꼭 여행을 떠난다. 춥지도 덥지도 않고 초록 잎이 빨갛게 노랗게 예쁜 색으로 물들어가는 아름다운 풍경의 가을!

사실 일본에 오기 전에는 일본에서의 봄을 더 기대했기에 가을에 대한 기대는 그리 크지 않았는데 도쿄에서 가을을 보내면서 가을의 매력에 푹 빠졌다. 벚꽃은 금방 피고 져버리지만 단풍으로 물든 멋진 풍경은 더 오래 즐길 수 있어서 좋다.

습하지도 덥지도 않은 좋은 날씨에 그냥 집에만 있을 수는 없었다. 도쿄 근처 나가노로 가을을 만끽하는 여행을 떠나기로 했다. 우연히 본 나가노 가루이자와의 가을 풍경 사진이 너무 예뻤기 때문이다. 나가노는 도쿄에서 가까워서 부담 없이 방문할 수 있다.

여행 중 가장 기억에 남는 곳은 바로 마쓰모토였다. 마쓰모토에는 마쓰모토 성이 있다. 실제로 보니 예쁘면서 웅장했다. 마쓰모토 성이 계속 보이는 시내 풍경도 정말 아름다웠다.

마쓰모토를 둘러보고 애니메이션 <너의 이름은>의 모델이 된 스와호수도 방문했다. <너의 이름은>을 너무 재미있게 봤고 일본에 살면서 꼭 성지순례를 해보고 싶었기에 일정에 넣었다.

가미스와역에 내려서 전망대인 다테이시 공원으로 올라갈 때는 대중교통이 없어서 택시를 이용했고 내려올 때는 걸어서 내려왔다. 돈을 아끼려고 구글 지도를 의지하며 걸어서 내려왔는데 지금 생각하면 그 어두운 길을 혼자서 잘 걷고 용감했다는 생각이 든다.

노을이 지기 전에 다테이시 공원에 도착했고 스와호수를 내려다볼 수 있는 전망대에 앉아서 노을이 지는 모습을 멍하니 바라보았다. 너무 아름다웠다. 가을빛으로 물든 마을과 스와호수가 완벽한 조화를 이루었다. 풍경이 <너의 이름은>에 나온 장면 그대로여서 더 황홀하게 느껴졌다.

스와역 주변은 온천으로도 유명해서 같이 즐기면 좋았겠지만 당일치기로 가서 호수 하나만 보고 다시 도쿄로 돌아왔다. 숙박비를 아끼기 위해 집에 갔다가 다음날 다시 토카쿠시 신사를 가기 위한 여정을 시작했다.

신칸센을 타고 나가노역으로 가서 버스를 타고 굽이굽이 산속으로 들어갔다. 버스에서 내려서도 산속을 한참 걸어야 도착할 수 있었다. 사진에서 봤을 때처럼 토토로가 금방이라도 뛰어나올 것 같은 삼나무길 풍경이 펼쳐졌다.

산속 깊은 곳에 신사가 있는 모습이 마치 한국에서 산속에 절이 있는 모습과 비슷하게 느껴졌고 쉽게 방문할 수 없는 곳이기에 더 감명 깊었다.

나가노는 소바가 유명해서 근처 소바집에서 소바도 먹고 밤마을로 유명한 오부세 마을도 가보았다. 오부세 마을은 아기자기하게 잘 꾸며져 있는 작은 마을이었다. 유명한 가게는 몽블랑을 먹기 위해 늘어선 줄이 너무 길어서 방문을 포기했다. 대신 나가노역 근처 몽블랑 가게에서 테이크아웃해서 신칸센 안에서 맛있게 먹었다.

나가노역에서는 젠코우지라는 유명한 신사를 방문했다.

젠코우지의 본당은 1953년에 국보로 지정되었다고 한다. 나가노를 간다고 하면 주변의 친한 일본인들이 젠코우지 신사를 가보라고 했는데 가 볼 만한 가치가 있는 곳이었다.

가루이자와에서는 가루이자와 아울렛, 쿠모바 호수를 돌아보았다. 쿠모바 호수로 향하는 길에는 수많은 별장이 늘어서 있다. 가루이자와는 여름에도 시원한 곳이라서 유명인들의 별장이 많다. 가루이자와를 걷고 있다 보니 부자 동네에 온 것 같은 느낌이 들었다.

무사히 도착한 쿠모바 호수와 낙엽 진 풍경은 사진에서 보던 모습 그대로 아름다웠다. 호수를 한 바퀴 천천히 걸으며 둘러볼 수 있어서 좋았다. 쿠모바 호수에서 구 긴자 거리까지 걸어서 갈 수 있는데 구긴자 거리에는 여러 상점이 있어서 구경하는 재미가 있다. 맛있는 음식을 많이 팔고 있어서 간식의 유혹이 엄청나다.

가루이자와에 간 또 다른 목적은 호시노야 가루이자와에 가보고 싶었기 때문이다. 호시노야는 유명한 리조트 체인이며 프리미엄 료칸이기도 하다. 호시노야 가루이자와는 한 번쯤 숙박해보고 싶은 풍경과 시설을 자랑한다.

너무 비싸서 숙박은 못 했지만 셔틀버스를 타고 도착해서 근처에 있는 또 다른 유명 관광 스폿인 돌의 교회와 고원 교회를 방문했다. 운 좋게 돌의 교회에서 결혼식을 올리는 커플을 볼 수 있었는데 정말 아름다운 결혼식이었다. 이곳에서 결혼식을 올리는 것이 일본인들 사이에서 인기라고 들었는데 왜 인기가 많은지 알 수 있었다.

그 외에도 다테야마 구로베 알펜루트로 다테야마를 넘어가 보는 등 나가노의 유명한 곳을 많이 돌아다니면서 나가노의 매력에 흠뻑 빠졌던 가을이었다.

가을이 기억에 남는 또 다른 이유는 바로 이 시기에 한국의 가족이 도쿄로 놀러 와서 같이 여행을 했기 때문이다. 첫 가족 해외여행이었다.

교통비를 아끼려고 내가 나리타 공항까지 마중을 안 나가고 도쿄역에서 만나기로 했는데 도쿄 여행을 처음 오는 가족들에게는 어려운 일이었다. 나리타 공항에서 도쿄역까지 오는 1,000엔 버스가 있는데 승강장이 한군데라고 생각했는데 두 군데였다. 연락도 안 돼서 정말 피가 마르는 경험을 했다. 겨우 다른 정거장을 알아내서 우여곡절 끝에 도쿄에서의 가족 상봉이 극적으로(?) 이루어졌다.

동생이 가보고 싶어 한 장소는 오모테산도, 롯폰기, 긴자 같은 도심이었다. 디자인을 전공하는 동생은 전시회 구경도 했다. 내가 추천한 관광지는 가와고에, 가마쿠라, 에노시마였다. 엄마는 절이 많고 풍경도 예뻐서 가마쿠라가 가장 좋았다고 말씀해주셨고 실제로 가마쿠라 풍경 사진을 가장 많이 찍으셨다. 그 모습을 지켜보면서 나도 무척 행복했다.

6박 7일간의 가족 도쿄 여행을 마치고 나리타 공항까지 배웅을 나갔다. 엄마는 출국 절차를 밟는 곳 유리창 너머로 눈물을 닦으셨고 그 눈물을 보고 나도 흐르는 눈물을 주체할 수 없었다. 여행의 기쁜 여운이 채 가시기도 전에 나리타 공항은 외롭고 쓸쓸한 헤어짐의 장소가 되어 눈물로 가득 차고 말았다.

나의 일본에서의 첫가을은 이렇게 계절을 만끽하며 다닌 즐거운 여행과 가족과의 행복한 여행 기억으로 마무리되었다.

내가 보낸 워홀 - 겨울

날씨가 조금씩 쌀쌀해지고 옷이 두꺼워지는 계절이 다가왔다. 도쿄는 핼러윈이 끝나자마자 빠르게 크리스마스 분위기를 내기 시작했다. 11월인데도 이곳저곳이 일루미네이션으로 반짝반짝 빛나기 시작했다. 겨울이 되니 슬슬 향후 진로에 대한 고민이 시작되었다.

일본에 더 머물 것인지, 1년을 마무리하고 한국으로 귀국을 할 것인지 결정해야 했다. 한국으로 돌아가서 가족과 함께 살고 싶다는 마음과 한국 나이로 28살인데 이렇다 할 경력을 쌓지 못했기에 일본에서 본격적인 경력을 쌓아야 한다는 마음이 동시에 있었다.

결국 내린 결론은 일본에 있는 회사에 가서 경력을 쌓자였다. 이대로 한국에 가면 1년간 워킹홀리데이를 한 일본에서의 경력도 제대로 못 살릴 것 같았고 이렇다 할 직장에 취업할 자신도 없었다. 한국에서 다니던 직장에서 주말에도 나가서 일했을 정도의 엄청난 업무량으로 스트레스를 많이 받았기에 다시 비슷한 일이 생길까 봐 두려웠다.

다른 남자 직원이 마셨던 머그잔을 여자 직원이 아침, 저녁으로 닦는 일 등도 다시는 하고 싶지 않았다. 물론 회사마다 상황이 다르고 일본도 잘못 입사하면 같은 문제가 일어날 수 있겠지만 일본 사람들은 한국 회사에서처럼 대놓고 외모 지적은 안 할 것 같았고 아르바이트를 할 때도 일본 사람들과 일하며 크게 스트레스를 받지 않았기에 괜찮을 것 같았다.

마음의 결정을 하고 12월부터 이직 준비를 시작했다. 이직 준비로 바쁘기는 했지만 일루미네이션도 즐기는 일상을 보냈다. 많은 장소에서 일루미네이션 이벤트를 열었고 사실 일본에 살지 않았으면 일본 사람들이 이렇게 일루미네이션 이벤트에 열정적인지 몰랐을 것이다.

가장 기억에 남는 일루미네이션은 에비스역에서 하는 일루미네이션과 도쿄역에서 하는 일루미네이션 이벤트다. 도쿄역은 매년 일루미네이션 계절이면 꼭 찾아갈 정도로 가장 좋아하는 곳이다.

마루노우치 쪽 출구로 나오면 도쿄역이 보이는 방향과 마루노우치 회사 거리가 있는 장소는 정말 화려하게 꾸며져 있다. 일루미네이션 시즌에 도쿄에 있으면 방문해보는 것을 추천한다.

추위를 많이 타는 나는 한국의 겨울은 너무 추워서 힘들다. 반면에 도쿄는 영하로 내려가는 일이 거의 없고 눈이 오는 일도 거의 없다. 대신 집 안이 너무 춥다. 이중창이 안 되어 있는 곳이 대부분이고 온돌도 거의 없어서 바깥보다 집안이 더 춥다. 그래서 일본에서는 전기장판이 필수다.

요즘은 그나마 바닥 난방이 되는 집이 늘어나기는 했는데 그만큼 월세가 비싸고 가스비나 전기료가 많이 나온다. 난방은 보통 에어컨과 겸용으로 쓰는 온풍기로 하는데 문제는 너무 건조해서 가습기도 틀어야 한다.

이직 준비의 시작

워킹 홀리데이 비자가 3개월 남은 시점에서 이직 준비를 시작했다. 짧지만 한국에서의 경력과 일본에서의 프리랜서 경력으로 신입 사원이 아닌 중도 입사로 이직 준비를 시작했다. 일본에서 대학을 나온 것도 아니지만 그동안 쌓은 2년의 경력을 버리기는 아까웠다. 이런 짧고 애매한 경력이라도 나 하나쯤 고용해주는 곳이 있을 거라는 긍정적 마음으로 이직 준비를 시작했다.

일본은 지하철을 타도 각종 이직 사이트 광고가 보인다. 일본에서는 이직할 때 많은 사람이 리크루팅 에이전시를 이용한다. 이직이 결정되면 이직하게 되는 회사가 내가 이용한 리크루팅 에이전시에게 연봉의 몇 프로를 수수료로 준다.

보통 리크루팅 에이전시를 끼고 이직을 준비하면 리크루터가 이력서와 직무경력서 첨삭도 해주기에 나는 이 부분에서 도움을 많이 받았다. 그들은 전문가이기에 이들의 조언을 들으며 준비하니 막막했던 첫 해외 취업 준비도 생각보다 어렵지 않았다.

리크루팅 에이전시의 진로 상담과 조언을 통해 나에게 맞는 구인 정보도 계속해서 받아보았고 면접 후 피드백도 받을 수 있었다. 피드백을 통해 다음 면접 때는 어떻게 해야 할지 무엇을 고쳐야 할지에 대한 방향도 잡을 수 있었다. 면접을 보기 전에는 리크루터를 만나서 함께 연습하기도 했는데 긴장도 줄고 좋았다.

리크루터들과는 일본어로 이야기해야 하기에 일본어는

필수이다. 당연하지만 어떤 분야에서 어떤 직무를 하고 싶은지도 미리 결정해두어야 한다. 한국에서의 경력을 어떻게 살릴지, 아니면 살리지 않고 신입으로 들어갈지의 여부도 전략적으로 잘 선택해야 한다.

막연히 일본에서 취업하고 싶다, 일본어를 조금 안다는 정도로는 일본 취업은 어렵다고 생각한다. 나는 리크루터와의 상담을 통해 직무에 대한 가닥도 잡았고 내가 일하고 싶은 직무 위주로 지원을 했다.

면접에서는 기본적으로 일본어를 유창하게 잘해야 한다. 지원하는 직무와 회사에 따라 다르지만 나는 외국계 회사가 아닌 일본회사 위주로 원서를 넣었기에 영어 면접은 없었으며 오직 일본어로만 면접을 진행했다. 보통 구인정보에서 일본어는 JLPT N1 수준을 요구한다. 외국계 기업에서 영어를 위주로 하는 업무는 일반적으로 JLPT N3 정도의 수준을 요구하는데 회사에 따라 다르다.

일본어, 영어가 부족하면 한국계 기업으로 가는 방법도 있다. 나는 처음부터 일본계 기업을 노렸기에 외국계와 한국계 기업은 처음에는 지원하지 않았다. 면접을 볼 때 역

질문 시간이 있는데 나는 외국인 사원이 어느 정도 있는지를 꼭 물어보았고 취업비자 발급 여부에 대해서도 물어보았다. 비자 발급을 보조해주지 않는 회사도 있고 취업비자에 대해서 모르는 회사도 있어서 꼭 물어보아야 한다고 생각했다.

일본 회사의 면접은 '의욕(やる気)'이 굉장히 중요하다고 생각한다. 물론 한국에서도 마찬가지겠지만 내가 부족한 점이 있어도 의욕이 있고 배우고 성장하겠다는 의지를 보이면 합격확률이 높아지는 것 같았다.

객관적으로도 내 경력은 부족했지만 1지망에 합격한 이유도 이 의욕이 아니었을까 싶다. 과제도 내주지 않았는데 나는 1지망 회사 입사가 간절했기에 스스로 프레젠테이션도 준비해갔다. 입사하고 싶다는 열정과 의욕을 프레젠테이션을 통해서 나타냈다.

내정은 여러 곳에서 받았지만 1지망인 회사에서 생각보다 빨리 내정을 해주지 않고 최종 면접 후에 갑자기 캐쥬얼 면담까지 추가돼서 하루하루를 초조하게 보냈다. 혹시 떨어질지도 모른다는 초조함 때문에 나중에는 한인 타운에 있는 한국계 기업에도 지원했다. 취업이 되지 않으면 비자가 끊길 수도 있는 상황이었기 때문이다.

결국, 2월에 1지망이었던 회사에 내정을 받았다. 그래서 한국계 기업도 내정을 받았지만 안 가게 되었다. 솔직히 1지망 회사에 떨어져서 한국계 회사에 갔으면 오래 버티지 못했을 것 같다.

이때 총지원한 회사는 70곳 이상이며 면접 본 횟수는 22번이고 최종 내정 받은 회사는 6곳, 면접 진행 중 스스로 포기한 회사는 8곳이었다. 정말 피 말리는 2달간의 전쟁이었다. 교통비도 많이 들었고 시간도 많이 들었다. 위장염을 달고 스트레스를 받아 가며 살았지만 결과적으로는 가장 원하는 기업에 합격할 수 있어서 다행이었다.

일본 직장 라이프

한국에서 회사에 다녔을 때는 창피하지만 정말 많이 울었다. 상사 앞에서도 출퇴근하는 전철에서도 울었다. 그랬던 내가 처음 입사했던 일본 회사에서 아직도 씩씩하게 3년을 버티고 있으며 웃는 일이 많아졌다.

나이를 먹어서 예전보다 조금 더 마음의 여유도 생기고 유연해진 것 같다. 한국 직장에서 끊임없이 들었던 외모 비하로 인해 식욕억제제까지 처방받고 불면증 약을 먹기도 했는데 일본에서는 식욕억제제를 먹지 않고 있는 그대로의 나를 사랑하게 되었다.

상사가 불합리한 말을 하면 눈물을 뚝뚝 흘렸는데 지금의 나는 아닌 건 아니라고 논리적으로 대응할 수 있게 되었다. 분명 예전보다는 조금 더 단단해졌다. 3년 내내 눈물 한번 안 흘렸다면 거짓말이지만 정말 손에 꼽을 정도이다. 이런 변화는 일본 회사 분위기 덕분이며 내가 생각하는 일본 회사 취업의 장점이다.

회사마다 다르겠지만 일본 사람들은 상대방에게 오지랖을 부리지 않는다. 나는 이 점이 아주 마음에 든다. 입사 초반에는 아무도 나에게 관심을 가져주지 않아서 외로웠고 점심 혼자 먹기도 적응이 안 되었다. 한국에서는 다 같이 점심을 먹었는데 일본 사람들의 점심 문화는 너무나도 달랐다. 혼자만의 시간을 중요하게 여겨서인지 점심시간을 혼자 보내는 사람들이 대부분이었다.

입사 첫날, 회사 카페테리아에서 혼자 도시락을 먹으며 책을 읽는 직원의 모습은 굉장히 인상적이었다. 어느 정도 일본 회사 문화에 적응되니 사람들이 나에게 관심을 두지 않는다는 것이 너무 편하다는 사실을 깨달았다.

친한 사람들에게만 내 이야기를 하면 되고 내가 휴가를 써도 어디서 무엇을 했는지 그들은 물어보지 않는다. 그리고 무엇보다 외모나 패션에 관한 이야기는 절대 하지 않는다. 한국에서는 흔하게 들었던 "너 요즘 살이 찐 것 같다", "오늘 얼굴이 좀 부었는데?", "그 옷 너무 딱 맞는 거 아니야?" 등의 외모나 의상에 관한 발언은 들어본 적이 없다.

일본은 직장 내 괴롭힘을 뜻하는 파와하라(パワハラ), 성추행을 뜻하는 세쿠하라(セクハラ)에 민감하다. 심지어 회사에서 냄새 괴롭힘인 스메하라(スメハラ)를 조심하자는 내용의 공지가 나온 적도 있었다. 요즘 특히 더 이런 문제에 민감한 사회 분위기라 서로 엄청 신경 써서 문제가 될 만한 행동은 각자 알아서들 조심한다.

그리고 내가 본 일본 사람들은 기본적으로 타인에게 별로 관심이 없다. 어떻게 보면 별거 아닌 것 같은데 내가 경험해 보니 나를 향한 관심이 적은 것이 오히려 직장 스트레스를 줄여주었다.

그리고 점심을 혼자 먹는 시간도 중요하다는 것을 깨달았다. 언뜻 보면 외로워 보이지만 8시간 근무하면서 혼자만의 시간을 가지며 하고 싶은 일을 하며 보내는 점심시간한 시간이 소중하게 느껴졌다. 그렇다고 매일 혼자 먹는 것도 아니다. 친한 동료와 먹고 놀고 싶을 때는 몇 월 며칠에 같이 점심 먹으러 가지 않겠냐고 물어보고 약속을 잡는다. 그리고 약속한 날에 함께 점심을 먹으러 간다.

내가 겪어본 일본인들은 먼저 다가가지 않으면 다가오지 않는 사람들이 대부분이었다. 그러니 그들과 혹시 친해지고 싶다면 먼저 마음을 열고 다가가는 것이 중요하다.

성격상 말하는 것을 좋아하기도 해서 먼저 적극적으로 다가간 덕분인지 소중한 동료가 많이 생겼다. 회사에서뿐 아니라 회사 밖에서도 같이 만나서 놀기도 하는 정말 친한 동료이자 일본인 친구들을 사귈 수 있었다.

일본 회사의 장점 중 또 하나는 사내 커뮤니케이션 수단으로 개인 SNS(카카오톡, 라인 등)를 사용하지 않는다는 것이다. 이것도 회사와 직무에 따라서 다르겠지만 지인들 이야기를 들어보아도 회사 전용 커뮤니케이션 툴을 이용하는 것이 대부분이었다.

또한 업무 외 시간에는 연락하지 않으며 혹여 업무 외 시간 연락이 있어도 메일을 사용한다. 24시간 카톡이 울릴 일이 없어서 업무 시간과 업무 외 시간이 구분된다는 점이 좋다. 회식이 있어도 술을 강요하지 않고 마시고 싶은 것을 마셔도 된다. 술을 별로 좋아하지 않아서 보리차 같은 것만 시켜도 누구 하나 지적하는 사람이 없다.

물론 장점만 있는 것은 아니다. 21세기라고는 믿기지 않는 도장 문화와 느릿느릿한 문화, 의미 없는 회의의 반복 등도 여전히 존재한다. 그래도 나는 이 단점들보다 장점이 더 매력적으로 다가와서 계속 일본 회사에 다니고 있다.

그리고 일본 회사에 다니는 것 자체가 다른 나라 언어로 다른 나라 사람들과 일하는 것이기에 많은 공부가 되며 훌륭한 경험이라고 생각한다. 5년 후의 나는 더 성장해 있을 것이며 일본에서의 경험은 미래의 나에게 큰 자산이 될 것이라 믿는다.

워킹홀리데이를 마치며

취업비자도 워킹홀리데이 기간이 끝나기 1주일 전에 신청해서 정말 1년을 꽉 채워서 일본에서의 워킹홀리데이를 즐겼다. 하고 싶은 것을 다 해보고 가보고 싶었던 곳을 다 가본 것은 아니지만 80% 정도는 내가 원하는 대로 1년을 채울 수 있었다.

많이 걷고 많이 보고 많이 느낄 수 있었던 1년이었다. 감사하게도 내가 근무 시간을 조정할 수 있는 아르바이트를 많이 했기에 무리하지 않는 선에서 일도 할 수 있었다.

이런 1년이라는 긴 방학이 내 인생에 또 있을까? 일상이 여행이 된 설레는 기분으로 1년을 보낼 수 있었다. 워킹홀리데이 이후 3년이 지난 지금은 예전과 비교해 하나하나에 설레는 느낌은 줄었지만 그 당시에는 정말 모든 것이 신기했고 모든 것이 예뻐 보여서 편의점을 가기만 해도 행복을 느꼈다. 별거 아닌 일도 사진에 담아두고 즐거워했다.

모든 순간이 행복하고 좋았던 것은 아니다. 때로는 외로워서 눈물이 났고 몸이 아플 때는 타국에서 혼자 왜 이러고 있는 건가 싶어서 서러웠다. 가족도 보고 싶었다. 특히 친구처럼 친하게 지내는 엄마가 보고 싶어서 힘든 적이 많았다.

하지만 1년을 꽉 채워서 일본에서 살아가는 것이 목표였기에 중간에 포기할 수 없었다. 사계절을 꼭 일본에서 지내보고 싶어서 집착했던 것 같다. 처음에는 1년만 살고 한국으로 돌아갈 생각이어서 더 애착이 있었다.

일본에 취업해서 지금까지 일본에서 사계절을 세 번이나 보냈다. 여전히 벚꽃은 아름답고 여름 축제는 즐겁고 가을은 여행하기 좋으며 겨울은 일루미네이션으로 설렌다. 한국에서의 사계절도 물론 아름답지만 인생 80살까지 산다면 젊을 때 이렇게 다른 나라에서 시간을 보내며 살아보는 것도 좋은 것 같다. 그 시작이 워킹홀리데이면 더 좋다고 생각한다.

취업으로 일본 생활을 시작했다면 도중에 포기했을지도 모른다. 1년을 살아보고 좋아하는 일도 찾아보고 일본 생활이 잘 맞는지 충분히 경험한 후에 더 살지 그대로 끝낼지를 정할 수 있는 것이 워킹홀리데이의 큰 매력 중 하나라고 생각한다.

비록 늦은 나이에 시작한 워킹홀리데이였지만 오히려 더 어린 나이에 왔으면 절박함이 부족해서 시간을 허투루 보냈을지도 모른다. 돈의 소중함도 가족의 소중함도 시간의 소중함도 충분히 느낀 1년이었다.

내가 워킹홀리데이를 간 나이는 어찌 보면 남들은 열심히 직장에서 일하고 있을 시기지만 나는 그 시간에 여행도 마음껏 하고 사계절을 나만의 방식으로 즐기고 또 일하고 싶은 곳에서 일하며 특별한 경험을 했다. 그리고 그 경험이 나를 성장하게 해주었다.

딱 1년, 원하는 나라에서 살아보면 가치관이 바뀔 수도 있다. 자존감이 낮고 자신감도 없었던 나는 일본에서 1년을 살면서 자존감도 높아지고 자신감도 생겼다. 지금은 예전과는 다르게 "뭐 어때! 이런 내가 좋다!"라는 마인드를 가지게 되었다. 그렇다, 이걸로 충분하다.

워킹홀리데이, 더 늦기 전에 도전해보자.

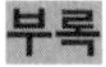

부록

워킹홀리데이 비자 준비

워킹홀리데이 비자 접수를 하는데 필요한 서류와 해야 할 일들은 생각보다 많았다. 비자 한번 받는데 이렇게 많은 준비를 해야 한다니 상상도 못 했다. 그렇지만 준비해야 할 서류 종류가 많을 뿐 차근차근 꼼꼼히 준비하면 전혀 어렵지 않다. 워킹홀리데이 비자를 준비하면서 수많은 사람들의 후기 글을 읽었고 이 후기들이 많은 도움이 되었다. 워킹홀리데이 비자를 접수하는 데 필요한 조건 중 몇 가지는 다음과 같다. 자세한 내용은 주한일본대사관 홈페이지에서 확인할 수 있다.

① 대한민국에 거주하는 대한민국 국민일 것

② 주된 목적이 휴가를 보내기 위해 일본에 입국할 의도를 가질 것

③ 사증 신청 시점에서 원칙적으로 18세 이상 25세 (부득이한 사정이 있다고 인정되는 경우는 30세) 이하일 것

많은 분이 신경 쓰는 부분이 3번의 나이 제한이라고 생각한다. 25세 이상이라도 합격한 사람들이 많으니 나이에서 걸리는 분들도 걱정하지 말고 열심히 준비해서 지원해볼 것을 추천한다. 30세가 넘으면 자격이 안 되지만 25세~30세라면 서류라도 넣어보자.

나는 일본에서 많은 것을 즐기고 많은 곳을 가 보고 싶다는 마음을 담아서 신청서를 적었기에 합격한 것 같다. 주변에 만 25세 이상에 워킹홀리데이에 합격한 지인들도 각자 좋아하는 것을 위주로 일본에서 어떻게 즐길 것인지를 구체적으로 적어서 합격했다. 서류 합격 비결은 역시 일본에 가고 싶다는 의지와 일본에 워킹홀리데이를 가고 싶은 나만의 구체적인 이유와 이야기가 굉장히 중요한 것 같다.

워킹홀리데이 비자 접수에 필요한 서류

워킹홀리데이 비자 접수에 필요한 서류는 정말 많다. 무려 11가지를 준비해야 하고 추가로 서류를 준비해야 하는 사람도 있다. 거기다 최근에는 코로나의 영향으로 준비해야 하는 서류가 더 늘어났다. 영어 아니면 일본어로 적어야 해서 준비하는 데 더 오래 걸린다. 그리고 손으로 직접 적어야 하는 서류들이 많아서 한번 틀리면 다시 적어야 한다. 꼭 필요한 11가지 서류는 다음과 같다. 이 중 3번의 이유서와 4번의 계획서가 가장 중요하다.

1. 사증 신청서
2. 이력서
3. Working-Holiday 제도를 이용하고 싶은 이유를 적은 진술서
4. Working-Holiday 제도로 일본에 입국해서 무엇을 하고 싶은가를 적은 진술서
5. 조사표
6. 기본증명서
7. 주민등록초본
8. 재직 증명서(휴학 증명서) 또는 졸업 증명서
9. 귀국 시 비행기 표를 구입할 수 있는 자금 및 일본에서 체재 초기에 생계를 유지할 수 있을 만큼의 자금(280만 원 정도)을 소지한 것을 증명하는 은행발행의 입출금거래내역서(3개월분)

10. 여권 사본
11. 한국 출입국사실증명서
+ 코로나로 인해서 “서약서” 추가 제출

중요한 3번과 4번 서류에 관해 좀 더 자세하게 설명하면 다음과 같다.

① Working-Holiday 제도를 이용하고 싶은 이유를 적은 진술서 (이유서)

일본으로 워킹홀리데이를 떠나고 싶은 이유는 각자 다를 것이고 사실대로 적고 싶겠지만 이유서는 요약하면 “일본에서 가고 싶은 곳 다 가보고 돈 펑펑 쓰면서 1년간 놀고 싶다”라는 내용을 중점으로 적는 것이 좋다고 알려져 있다.

사증 발급 요건 중 “② 주된 목적이 휴가를 보내기 위해 일본에 입국할 의도를 가질 것”이라고 적혀있듯이 일본에 가는 목적이 취업이 아닌 휴가를 보내며 노는 것이면 더 합격할 확률이 높다는 것을 알 수 있다. 합격 수기들에도 “워킹홀리데이의 목적이 취업이 아니며 일본을 즐기러 가는 것이다”를 중점으로 이유서에 적는 것이 좋다고 나와 있다.
나도 이유서를 적을 때 말도 안 되게 펑펑 돈 쓰면서 놀기 위해서 가는 것이라고 적어놓았다. 이십몇 년간 끊임없이 대학 입시, 취업을 위해 달려왔고 1년간 자신에게 휴가를 주기 위해서 가는 것이며, 일본을 좋아해서 더 느끼고 놀고 싶다는 내용을 강조해서 적었다.
덧붙여 일본 워킹홀리데이를 다녀와서 한국에서의 계획도 구체적으로 적었다. 워킹홀리데이의 경험을 살려서 여행 업계에 취직하고 싶고 일본 여행을 더 많은 사람이 할 수 있도록 알리고 싶다는 식으로 적었다.
나는 아무래도 나이가 있어서 일본에 취업하러 가는 것 아니냐는 의심을 줄이고 싶어서 한국에 돌아와서 하고 싶은 일을 구체적으로 적었다. 그리고 워킹홀리데이에 합격한 후 이유서와 계획서대로 꼭 살아야 하는 것은 아니니(^^) 그 점은 걱정 안 해도 된다.

② Working-Holiday 제도로 일본에 입국해서 무엇을 하고 싶은가를 적은 진술서(계획서)

계획서에는 내용을 크게 봄, 여름, 가을, 겨울로 나누었고 표를 만들어서 그 안에 계획을 적었다. 봄에는 오키나와, 여름에는 규슈, 가을에는 오사카, 겨울에는 도쿄 이런 식으로 계절에 따라 지역을 나누어서 적었다. 다른 사람들 후기에서 보아도 이렇게 작성한 사람들이 대부분이었다. 계절에 따라 유명한 곳을 가는 목적으로 그 지역에 거주하며 그곳을 즐기고 싶다고 적었다. 일본 하면 마쓰리(축제)가 유명하니 여름에는 마쓰리를 가보고 싶고 겨울에는 도쿄의 화려한 일루미네이션을 즐기고 싶다는 등의 구체적인 이유도 적었다.

실현 가능성은 없고 돈도 많이 드는 계획은 계획일 뿐이니 큰 의미를 두지 말고 적어 내려가는 게 좋다. 후기를 보면 서류를 화려하게 꾸며서 내는 분들이 있는데 나는 그냥 워드로 단순하게 적어서 제출했다. 정해진 답도 없고 어떤 것이 합격을 좌우하는지는 아무도 모르니 하고 싶은 대로 하는 것이 가장 좋은 것 같다. 남의 의견은 참

고로만 하되 결정은 본인이 하는 것이니 말이다.

[계획서 예시]

봄(3월~6월)
후쿠오카에 거주하면서 봄과 벚꽃을 즐기고 싶다.

여름(7월~9월)
오사카에 거주하면서 일본의 3대 마쓰리인 텐진 마쓰리, 교토의 기온 마쓰리를 즐기고 싶다.

일본 취업 조언 플러스

일본 취업에 성공하려면 일본어 능력에 나만의 특별한 경력이나 강점이 있어야 합격률이 올라간다. 개인 블로그를 통해서 가장 많이 듣는 일본 취업 관련 상담 내용은 '일본어만으로도 취업이 될까요?'이다. 일본어를 잘하는 사람은 많다. 일본 기업에서 한국어와 일본어 능력만 보고 쉽게 뽑아줄지는 의문이다.

“그럼 신입은 경력을 어디서 얻나요?”라고 하면 할 말이 없지만, 앞에서 언급했듯이 내 경우는 두 군데 회사의 2년간 경력으로도 중도 입사(경력 입사)를 했다. 나만의 이야기를 잘 만들었고 언어 외에 내가 가진 강점과 경력을 내세웠다. 자격증도 중요하고 사용 가능한 업무 관련 툴이 무엇이 있느냐도 중요하다.

어떤 분야에서 어떤 직무를 하고 싶으냐에 따라서 달라지지만 일본 취업을 하기로 마음먹었으면 일단 ‘자기 분석’을 철저히 해야 한다. 내 강점은 무엇인지 내 약점은 무엇인지, 무엇이 하고 싶은지, 고용시장에서의 내 가치를 어떻게 어필할지 등이 중요하다. 자신을 잘 분석하고 서류에 그런 부분을 잘 나타내며 면접에서는 직접 그 가치를 뽐내면 된다.

일본 취업은 이력서에는 간단한 신상정보만 적혀있으면 되고 업무 경력은 직무경력에서만 간단하게 기술해서 제출하면 된다는 점이 좋았다. 우리 회사에 왜 지원하고 싶은지, 어릴 때 무엇을 했는지, 부모님은 무엇을 하는지 등 자기소개서로 소설을 쓰지 않아도 되는 방식이 마음에 들었다.

외국인이기에 경쟁 상대인 일본인에 비해 강점이 있어야 할 것이고 서류와 면접에서 이것을 잘 어필해야 한다. 지금 다니는 직장의 최종 면접 때 스스로 어필하고 싶어서 포트폴리오를 준비하고 입사를 하면 어떤 일을 하고 싶다는 내용을 중심으로 자료를 만들어서 프레젠테이션을 했다. 프레젠테이션용 자료를 만들고 프레젠테이션하는 것이 내 강점이고 의욕을 잘 나타내는 방법이라고 생각했다. 부족한 점은 어떤 식으로 보완하겠다는 계획도 말했다.

다른 사람의 취업 후기를 보고 분석도 해보고 일본인 친구들에게도 면접 연습 상대가 되어달라고 하면서 같이 연습했다. 이렇게 두 달의 준비 끝에 일본 취업에 성공했고 5년짜리 취업비자를 받았다. 지금은 근속 연수가 3년이 넘어서 밑에 후배들도 가르치면서 어느샌가 선배가 되었다.

지금은 연봉을 더 올리고 싶어서 또 다른 회사로 이직을 준비하고 있다. 내년에는 내가 어디에서 무엇을 하고 있을지 모르지만 지금보다는 분명 더 성장해 있을 것이며 더 멋진 사람이 되어있으면 좋겠다.

워킹홀리데이 비자에서 취업 비자로

입국관리소에서 비자를 연장하거나 변경을 할 때 입국관리소 문이 열리기 전 아침 일찍부터 가도 온종일 걸리는 것으로 유명하다. 하지만 나는 정말 감사하게도 회사에서 행정서사 선생님에게 비자 관련 업무를 위탁해서 필요한 서류만 준비해서 제출하기만 하면 되었다.

입사한 회사가 규모가 있는 큰 회사여서 3월은 비자 발급이 많아 오래 걸리는데도 불구하고 3주 만에 비자가 나왔고 앞에서 언급했듯 5년의 재류 자격을 받을 수 있었다. 재류 기간이 1년이면 불안함이 가득할 것 같은데 5년이라는 넉넉한 비자를 받아서 굉장히 뿌듯하고 기분이 좋았다.

원하는 기업에 내정을 받을 때까지 얼마나 시간이 걸릴지 모르니 촉박하게 취업 활동을 하는 것보다 시간적 여유를 두고 4개월 정도 전부터는 준비하는 것이 좋다. 비자가 끊기는 시간이 다가올수록 원하는 기업이 아닌 다른 기업으로 타협하게 되기 때문이다. 그리고 비자 발급은 3월은 피하면 좋겠다. 일본은 4월부터 신학기나 신생활이 시작되기에 3월에는 비자 발급이 많이 몰린다.

길면 2개월 이상 비자가 안 나올 때도 있다고 하니 그런 기간까지 잘 생각해서 취업, 이직 준비를 하면 좋다. 워킹홀리데이 1년을 꽉 채우고 싶어서 취업 활동을 조금 늦게 시작했는데 그 욕심 때문에 취업 비자가 늦게 나와서 마지막까지 애태우며 스트레스를 받았다. 무사히 취업 비자를 받게 되어서 지금은 웃으면서 이야기할 수 있게 되었지만 말이다.

ホッピーあります!!(白・黒)
自家製サングリアワイン
生しぼりグレープフルーツサワー
生しぼりレモンサワー
グリーンアップルミントサワー
りんごのお酒 ハードシードル
梅の宿シリーズ酒
静岡ふんわりいちご酒
あらごしみかん酒
香りスッキリ!!ほのかな甘さ!!ゆず酒
とろける甘さ!あらごし桃酒
大人気!! あらごし梅酒
MA

일하고 여행하며 꿈꾸던 일본 일상을 즐긴다

한 번쯤 일본 워킹홀리데이

초판 1쇄 인쇄 2021년 6월 21일

초판 1쇄 발행 2021년 6월 28일

지 은 이 고나현, 김윤정, 원주희, 김지향, 김희진

펴 낸 이 최수진

펴 낸 곳 세나북스

출판등록 2015년 2월 10일 제300-2015-10호

주 소 서울시 종로구 통일로 18길 9

홈페이지 http://blog.naver.com/banny74

이 메 일 banny74@naver.com

전화번호 02-737-6290

팩 스 02-6442-5438

I S B N 979-11-87316-84-8 03980